페르마가 들려주는 약수와 배수 1 이야기

김화영 지음

NEW
수학자가 들려주는
수학 이야기
01

페르마가 들려주는 약수와 배수 1 이야기

|주|자음과모음

추천사

수학자라는 거인의 어깨 위에서 보다 멀리, 보다 넓게 바라보는 수학의 세계!

수학 교과서는 대개 '결과'로서의 수학을 연역적으로 제시하는 경향이 강하기 때문에 학생들은 수학이 끊임없이 진화해 왔다고 생각하기 어렵습니다. 그렇지만 수학의 역사는 하나의 문제가 등장하고 그에 대해 많은 수학자가 고심하고 이를 해결하는 가운데 새로운 아이디어가 출현해 온 역동적인 과정입니다.

〈NEW 수학자가 들려주는 수학 이야기〉는 수학 주제들의 발생 과정을 수학자들의 목소리를 통해 친근하게 이야기 형식으로 들려주기 때문에 학생들이 수학을 '과거 완료형'이 아닌 '현재 진행형'으로 인식하는 데 도움이 될 것입니다.

학생들이 수학을 어려워하는 요인 중의 하나는 '추상성'이 강한 수학적 사고의 특성과 '구체성'을 선호하는 학생의 사고 사이에 존재하는 간극이며, 이런 간극을 줄이기 위해서 수학의 추상성을 희석시키고 수학 개념과 원리의 설명에 구체성을 부여하는 것이 필요합니다.

〈NEW 수학자가 들려주는 수학 이야기〉는 수학 교과서의 내용을 생동감 있게 재구성함으로써 추상적인 수학을 구체성을 갖는 수학으로 변모시키고 있습니다. 또한 중간중간에 곁들여진 수학자들의 에피소드는 자칫 무료해지기 쉬운 수학 공부에 윤활유 역할을 해 줄 것입니다.

〈NEW 수학자가 들려주는 수학 이야기〉의 구성을 보면 우선 수학자의 업적을 개략적으로 소개하고, 6~9개의 강의를 통해 수학 내적 세계와 외적 세계, 교실 안과 밖을 넘나들며 수학 개념과 원리를 소개한 후 마지막으로 강의에서 다룬 내용을 정리합니다.

이런 책의 흐름을 따라 읽다 보면 각각의 도서가 다루고 있는 주제에 대한 전체적이고 통합적인 이해가 가능하도록 구성되어 있습니다. 〈NEW 수학자가 들려주는 수학 이야기〉는 학교 수학 교과 과정과 긴밀하게 맞물려 있으며, 전체 시리즈를 통해 학교 수학의 많은 내용들을 다룹니다. 따라서 〈NEW 수학자가 들려주는 수학 이야기〉를 학교 수학 공부와 병행하면서 읽는다면 교과서 내용의 소화 흡수를 도울 수 있는 효소 역할을 할 것입니다.

뉴턴이 'On the shoulders of giants'라는 표현을 썼던 것처럼, 수학자라는 거인의 어깨 위에서는 보다 멀리, 넓게 바라볼 수 있습니다. 학생들이 〈NEW 수학자가 들려주는 수학 이야기〉를 읽으면서 각 수학자의 어깨 위에서 보다 수월하게 수학의 세계를 내다보는 기회를 갖기를 바랍니다.

홍익대학교 수학교육과 교수 | 《수학 콘서트》 저자 박경미

책머리에

수학을 사랑하게 만드는 페르마가 들려주는 '약수와 배수 1' 이야기

세상에 태어난 아이들이 가장 먼저 접하게 되는 수는 자연수입니다. 대부분의 부모님은 아이를 품에 안고 손가락을 이용하여 하나, 둘, 셋, 넷, ……. 숫자를 세는 방법을 가르쳐 줍니다. 우리는 어릴 적부터 자연스레 간단한 수학을 접하였고, 그만큼 자연수는 일상생활에서 없어서는 안 될 중요한 위치를 차지하고 있다는 것을 알 수 있습니다. 그런데 이런 자연수가 아주 특별한 성질을 가지고 있다는 것을 알고 있는 사람은 많지 않습니다. 그저 더하고 빼고 곱하고 나누는 것에 익숙해져 있는 것이지요.

페르마는 이 책에서 자연수가 갖고 있는 여러 가지 신비한 성질을 말해 주고 있습니다. 그는 누구보다도 수학을 사랑했습니다. 수학에 대한 열정 덕분에 비록 그가 수학을 전문적으로 공부한 학자는 아니었지만 수학사에 있어서 놀라운 업적을 남길 수 있었답니다. 특히 자연수를 사랑한 페르마는 선배와 동료 수학자들이 남긴 업적을 바탕으로 자연수에 대한 새로운 이론을 정립할 수 있었지요.

이 책에서 페르마가 소개하는 삼각수, 완전수, 우애수 등의 신비로운 자연수와 소수와 약수, 배수 등의 자연수가 갖는 특별한 성질을 통해 그가 얼마나 자연수를 아끼고 사랑했는지를 엿볼 수 있답니다.

고집불통에다가 다른 사람들과 사귀는 것을 즐겨 하지 않은 다소 괴팍스러운 페르마였지만 이 책에서는 누구보다도 친절하고 다정한 수학 선생님으로 학생들 앞에 섰습니다. 페르마는 학생들을 교실에만 묶어 두지 않았습니다. 그리고 수학책만을 이용하여 수학을 가르치려고 하지 않았습니다. 우리 주변에서 늘 접하게 되는 생활 속에서 수학적인 요소를 찾아내려고 했고 그 안에서 수학과 생활을 연결시켰습니다. 이 책이 가지는 장점이 바로 여기에 있습니다.

이제는 수학을 단지 좋은 성적을 내기 위한 시험 과목의 일부가 아니라 이 책을 통해 좀 더 친근하고 가깝게 느낄 수 있는 계기가 되었으면 하는 바람입니다.

김화영

차례

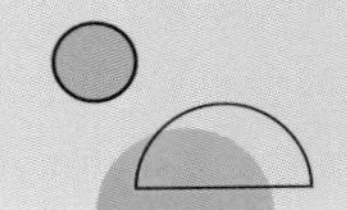

1 이 책은 달라요

《페르마가 들려주는 약수와 배수 1 이야기》는 자연수의 여러 가지 성질을 재미있는 예를 통해서 쉽게 접근할 수 있도록 해 줍니다. 여러 가지 원리가 담겨 있는 자연수는 어린아이부터 어른에 이르기까지 우리가 항상 사용하고 있는 수로써 수학의 발달에 커다란 영향을 줍니다. 또한 많은 수학자가 더 큰 완전수나 소수를 찾으려고 열정을 다했다는 사실을 배우고, 역사를 바꿀 수 있는 힘을 가진 수학에 대해 다시 생각해 볼 수 있는 좋은 계기가 됩니다.

2 이런 점이 좋아요

❶ 수에 관련된 여러 가지 성질과 다양한 종류의 수에 대하여 배우게 됩니다.

❷ 초등학교와 중학교 교과 과정에서 최대공약수와 최소공배수와 관련하여 단계별로 자연스럽게 배울 수 있도록 합니다. 또한 최대공약수와 최소공배수가 어떻게 실생활과 밀접한 관련이 있는지 알 수 있습니다.

❸ 수에 대한 새로운 내용은 고등학생들에게 수리 논술을 대비하기 위한 좋은 자료가 될 것입니다.

3 교과 연계표

학년	단원(영역)	관련된 수업 주제 (관련된 교과 내용 또는 소단원 명)
초 5	수와 연산	약수와 배수, 공약수, 최대공약수, 공배수, 최소공배수
중 1	수와 연산	소인수분해, 최대공약수, 최소공배수

4 수업 소개

1교시 삼각수 이야기

도형과 수를 연결시킨 형상수 중에서 대표적인 삼각수에 대하여 공부하면서 일상생활과 연관된 수학의 실용성에 대해 알아봅니다.

- 선행 학습 : 정삼각형, 정사각형
- 학습 방법 : 도형과 수를 연관 지어 생각한 수학자들의 폭넓은 사고방식을 이해하며 수의 다양한 성질에 대하여 생각해 봅니다.

2교시 완전수와 우애수

자기 자신을 제외한 약수의 합으로 자연수를 완전수, 부족수, 과잉수로 나누어 보고, 특별한 수인 우애수에 대해 알아봅니다.

- 선행 학습 : 약수
- 학습 방법 : 자연수 중에는 특별한 성질을 가진 다양한 수가 존재한

다는 것을 이해하고, 새로운 규칙을 직접 만들어 분류해 보도록 합니다.

3교시 소수 이야기

소수의 의미를 알아보고, 소수가 일상생활에서 어떻게 쓰이는지를 배웁니다.

- **선행 학습** : 약수
- **학습 방법** : 자연수의 약수의 개수를 직접 구하고 소수와 소수가 아닌 수를 구별할 수 있도록 합니다.

4교시 소인수분해

자연수를 소수의 곱으로 나타내는 방법인 소인수분해를 배우고 이것을 통해서 약수의 개수를 구하는 방법을 알아봅니다.

- **선행 학습** : 소수
- **학습 방법** : 페르마가 내 준 문제를 직접 따라하면서 소인수분해하는 방법을 익히고, 아주 큰 수의 소인수분해는 어떻게 할 것인지에 대하여 생각해 봅니다.

5교시 생활 속에서 찾는 최대공약수와 최소공배수

최대공약수와 최소공배수의 뜻과 그것을 간단히 구하는 방법을 배우고 실생활에서 어떻게 쓰이고 있는지를 알아봅니다.

- **선행 학습** : 약수와 배수
- **학습 방법** : 최대공약수와 최소공배수를 직접 구해 보고, 실생활에서 쓰이는 예를 찾아 활용해 봅니다.

6교시 배수 이야기

여러 가지 종류의 배수를 찾는 방법을 배우게 됩니다. 또한 배수가 수학에서 어떻게 유용하게 쓰이는 지 알 수 있게 됩니다.

- **선행 학습** : 배수
- **학습 방법** : 다양한 수의 배수를 구하는 방법과 그 원리를 이해합니다.

페르마를 소개합니다

Pierre de Fermat(1601~1665)

"내 취미는 수학을 연구하는 것입니다."

보통 수학 공부가 취미라고 말하면, 학생들은 이렇게 이야기합니다.

"수학을 공부하는 것이 취미라고? 정말이야?"

"말도 안 돼, 나는 수학이 제일 어렵고 싫은데."

하지만 나는 정말 수학을 좋아합니다. 수학을 공부하는 시간만큼은 세상의 다른 어떤 일을 하는 시간보다 즐겁습니다.

여러분은 내가 수학 교수이거나 수학자라고 생각할 수도 있습니다. 그러나 나는 수학을 전공하지도, 어린 시절부터 수학에 천재성이 있었던 것도 아니랍니다.

여러분, 나는 페르마입니다

나는 1601년 8월 프랑스 서부에 있는 보몽 드 로마뉴라는 마을에서 태어났어요. 아버지가 부유한 상인이었기 때문에 나와 형제들은 좋은 환경에서 교육을 받을 수 있었습니다.

대학을 졸업하고 어떤 직업을 가질까 고민하고 있을 때 부모님께서는 공무원이라는 직업을 제안하셨지요. 그래서 나는 공무원이 되기로 결정했고 시의회 의원으로 일을 하기 시작했습니다. 나는 주로 지방에 사는 사람들이 왕에게 탄원서를 올릴 때 전달하는 역할을 해 주거나 서민들의 생각을 왕에게 전달하기도 하고 왕의 명령을 전국 각지에 전하고 그것이 잘 시행되고 있는지 감독하는 일을 했습니다.

자기 자랑하는 것 같아 좀 쑥스럽기는 하지만 나는 인정이 많고, 성실하며 누구에게나 공정한 사람이었답니다. 그래서 사람들이 나를 무척 좋아했지요. 가끔 재판에 관련된 업무를 맡기도 했는데 어려운 재판도 능숙하게 잘 처리하여 사람들로부터 유능한 사람이라는 인정을 받기도 했답니다. 결국 툴루즈 지방의 의원이자 판사 일까지 맡게 되었습니다.

다행히 재판이 없는 날에는 여유 있는 시간이 많아서 그동안 하지 못했던 수학 공부를 다시 시작할 수 있었답니다. 다른 사람들이 더 높은 자리에 오르기 위해 치열한 경쟁을 벌일 때 나는 모든 열정을 수학에 쏟아부었습니다.

만약 내 일이 너무 바빠서 좀처럼 여유 있는 시간을 내지 못했다면, 수학을 연구하는 것도, 이렇게 수학을 가르치기 위해 여러분을 만나는 일도 모두 불가능했을 거예요.

수학자들이 적어 놓은 어려운 문제를 해결하거나 새로운 정리를 발견해서 그것을 증명하고 나면 깊은 감동을 받게 됩니다. 그것은 마치 산에 오르기를 좋아하는 사람들이 힘든 과정을 거쳐서 정상에 올랐을 때 받는 감동과 비슷합니다. 비록 전문적인 학자는 아니었지만 실력은 그들 못지 않게 뛰어났기 때문에 수학자들은 내 이름을 결코 '아마추어' 수학자 명단에 올리지는 않았습니다. 내가 얼마나 대단한 사람인지 짐작이 가지요? 너무 내 자랑만 한 것 같군요.

내 인생에 가장 큰 영향을 준 것은 바로 고대 그리스의 수학자인 디오판토스가 쓴《산수론》이라는 책입니다. 라틴어로 번역되어 있는 이 책을 항상 옆에 두고 시간이 날 때마다 보면서 해결되지 않은 수많은 문제를 혼자 힘으로 풀었답니다. 어떤 문제는 그 내용을 바탕으로 새로운 정리를 발견하기도 했습니다.

그런데 나는 문제를 풀거나 새로운 증명을 할 때 책의 빈 곳에 아무렇게나 낙서하듯이 적어 놓는 이상한 습관이 있었습니다. 당시 학자들은 새로운 사실을 발견하게 되면 사람들에게 알려 칭찬받기를 좋아했답니다. 그리고 내용을 잘 정리하여 책으로 만들기도 했습니다.

그렇지만 나는 연구하는 일만으로도 충분히 만족스러웠고, 사람들에게 내가 연구한 내용을 알리는 것도 그다지 좋아하지 않았기 때문에 특별히 정리해 놓지 않았던 것이지요. 결국《산수론》의 여백은 내 생각과 증명 등을 적어 놓는 중요한 자리가 되었습니다.

하지만 나에게는 짓궂은 면도 있었답니다. 가끔은 주위 사람들에게 내가 새로 발견한 내용을 증명도 없이 문제만 알려 주어 상대방을 곤란하게 만들기도 했습니다.

"이것을 한번 증명해 보시지요. 나는 이미 했습니다."

내가 보낸 문제를 풀려고 몇 날 며칠을 고민했지만 결국 해결하지 못한 수학자들은 나를 미워하며 불평을 늘어놓았습니다.

내 인생에 영향을 준 두 명의 수학자가 있었습니다. 그중 한 사람은 프랑스 전역을 다니며 그동안 발견된 과학적 사실을 전파하던 수학자이자 신부였던 메르센입니다. 다른 사람들과는 토론하기를 주저하던 나도 메르센과는 유일하게 정기적인 만남을 가졌습니다.

그는 내가 수학을 연구하는 데 많은 도움을 주었던 사람이지요.

메르센 이외에 나에게 영향을 준 또 다른 인물은 바로 파스칼입니다. 나는 파스칼과 함께 확률 이론의 기초를 닦는 중요한 역할을 하였답니다. 메르센과 파스칼에 대해서는 나중에 다시 언급할 기회가 있을 것입니다.

내가 주로 관심을 가지고 연구했던 분야는 숫자였습니다. 특히 1과 자신 이외의 다른 약수를 가지지 않는 자연수인 소수에 대한 연구는 나에게 가장 중요한 일이었습니다. 나의 이런 노력이 소수와 관련된 여러 가지 중요한 업적을 많이 남길 수 있게 했답니다. 물론 그중에는 다른 수학자에 의해 내 이론이 틀렸다는 것이 증명되기도 했습니다. 하지만 소수에 대한 저의 열정은 대단했습니다.

이렇게 수의 성질을 연구하는 학문을 정수론이라고 합니다. 다른 분야만큼 특별히 우리 일상생활에 도움을 주지는 않지만 순수한 학문의 하나로 많은 사람이 관심을 가지게 되었습니다.

그래서 사람들은 나를 '현대 정수론의 아버지'라고 불렀고, 17세기에 위대한 업적을 남긴 최고의 수학자 중 한 사람으로 여겼습니다.

그런데 내가 오늘날까지 많은 사람의 입에 오르내릴 만큼 유명해진 이유는 다른 데 있습니다. 그것은 사람들에게 낸 하나의 문제 때문이랍니다. 이 문제를 풀기 위해 수백 년 동안 수학자뿐만이 아니라 수학에 관심을 가지는 많은 사람이 노력했습니다. 왜냐하면 내가 문제만 내 주고 답은 적어 놓지 않았기 때문이랍니다.

평소와 마찬가지로 나는 이 문제를 디오판토스가 쓴 책의 여백에 적어 놓았어요.

'$x^n+y^n=z^n$에서 n이 2보다 큰 자연수인 경우에는 이 정리를 만족하는 자연수 x, y, z의 값이 존재하지 않는다.'

여기서 $n=2$인 경우를 피타고라스의 정리라고 부릅니다. 즉, $x^2+y^2=z^2$라는 것이지요. 이 정리는 우리에게 매우 잘 알려져 있습니다. 피타고라스는 $x^2+y^2=z^2$을 만족하는 수 중에서 자연수 x, y, z의 값을 피타고라스의 수라고 불렀습니다.

예를 들어 $3^2+4^2=5^2$이므로, 3, 4, 5 같은 수가 바로 피타고라스의 수입니다.

그런데 내가 말한 정리는 $n=2$보다 큰 자연수인 경우에는 이런 수가 존재하지 않는다는 것입니다.

물론 나도 이 정리의 답을 적어 놓고 싶었습니다. 그런데 그 내용을 모두 쓰기에는 여백이 너무 부족했습니다. 그래서 '나는 정말 놀라운 증명 방법을 발견했다. 하지만 이 여백이 좁아서 증명을 쓸 수가 없다'는 말만 적어 놓았답니다. 이런 내용은 내가 세상을 떠난 후 내 아들이 모두 정리하여 책으로 출간하면서 많은 사람에게 알려지게 되었지요. 그 후 수학자들이 나의 이론 대부분을 증명하였지만 이 정리만은 오래도록 증명하지 못했습니다. 그래서 이것을 페르마의 마지막 정리Fermat's last theorem라고 부른답니다.

많은 수학자가 이 정리를 증명하기 위해 도전을 했습니다. 어떤 사람은 자신이 공부하는 목적이 이 정리를 증명하기 위한 것이었다고 할 정도였으니까요. 그렇지만 그런 노력에도 불구하고 이 문제는 미해결로 남아 오랜 시간 동안 사람들이 풀어야 할 숙제가 되었습니다.

내가 이 정리를 정말 증명했느냐고요?

그건 말할 수 없습니다. 사람들은 내가 그 정리를 증명했는지에 대해 의심을 하고 있답니다. 지금 생각하면 많은 사람을 괴롭힌 것이 좀 미안하기는 하지만 후회하지는 않습니다. 문제를 해결하는 과정에서 수학은 더 많이 발전할 수 있었으니까요.

이 문제는 결국 1994년 나보다 더 뛰어난 젊은 수학자인 앤드루 와일스에 의해 해결되면서 일단락되었답니다.

1교시

삼각수 이야기

삼각수와 사각수. 뭔지 궁금하시죠?
삼각수는 삼각형 모양을 만들 수 있는 물건의 총 개수,
사각수는 사각형 모양을 만들 수 있는 물건의 총 개수를 말해요.
자세하게 알아봅시다.

수업 목표

1. 도형과 수가 어떤 관련이 있는지 알아봅니다.
2. 형상수 중에서 가장 간단한 삼각수가 무엇인지를 알아봅니다.

미리 알면 좋아요

1. 3개 이상의 선분으로 둘러싸인 도형을 다각형이라고 합니다. 삼각형, 사각형, 오각형 등이 여기에 속합니다. 다각형 중에서 변의 길이와 각의 크기가 모두 같은 다각형을 정다각형이라고 합니다. 따라서 정삼각형이란 3개의 변과 각이 모두 같은 삼각형이고 정사각형은 4개의 변과 각이 모두 같은 사각형입니다.

2. 같은 수가 두 번 곱해져서 얻은 수를 제곱수라고 합니다. 예를 들어, $2\times2=4$, $3\times3=9$, $4\times4=16$, $5\times5=25$, ……에서 4, 9, 16, 25 등은 2, 3, 4, 5를 각각 두 번씩 곱해서 얻은 수입니다. 그래서 4, 9, 16, 25를 제곱수라고 합니다. 100은 어떤 수를 두 번 곱해서 얻어진 것일까요? 물론 답은 10이겠지요.

페르마의 첫 번째 수업

페르마는 아이들을 데리고 스포츠 센터로 들어갔습니다. 센터 안에는 각종 운동과 게임을 하는 사람들로 북적댔습니다. 아이들은 이 방, 저 방을 기웃거리며 운동을 하는 사람들의 모습을 지켜

보며 즐거워했습니다. 페르마는 센터 안을 돌아다니다가 어느 방 앞에서 어른들이 경기하는 모습에 푹 빠져 있는 아이를 보았습니다. 그리고 그는 흩어져 있는 다른 아이들을 불러 모았습니다.

지금 저곳에 있는 사람들이 하고 있는 게임은 볼링이에요. 볼링은 아주 오래전부터 유럽 전역에서 유행했습니다. 중세 시대에는 종교적인 의식을 행하거나 점을 치기 위하여 볼링을 하였으나 시간이 지나면서 신앙과는 상관없이 누구나 쉽게 할 수 있는 운동으로 널리 보급되었습니다.

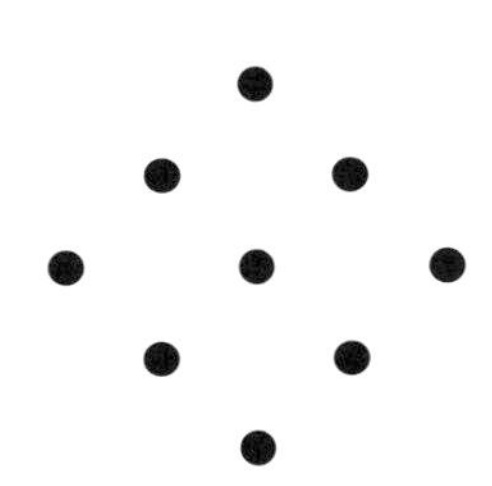

처음에는 9개의 볼링 핀을 마름모❶ 모양으로 세워 놓고 시작하였는데 일부 사람들이 볼링으로 내기를 하는 등 사회적인 문제를 일으켰습니다. 그러자 나라에서 더 이상 볼링을 하지 못하도록 금지령을 내렸습니다.

메모장

❶ 마름모 네 변의 길이가 같은 사각형.

그러나 볼링을 좋아하던 사람들의 불만이 차츰 커져 가기 시작했고 그때 한 사람이 꾀를 내었답니다. 볼링 핀의 개수를 10개로 늘려 기존에 해 오던 것과는 조금 다른 게임을 시작한 것이지요. 그것이 현재까지 이어져 내려오는 볼링이랍니다.

그런데 9개의 볼링 핀으로 마름모 모양을 만들었다면 10개의 볼링 핀은 어떤 모양으로 세웠을까요?

페르마는 아이들에게 핀이 세워져 있는 모양을 보여 준 다음 그 모양을 종이에 그렸습니다.

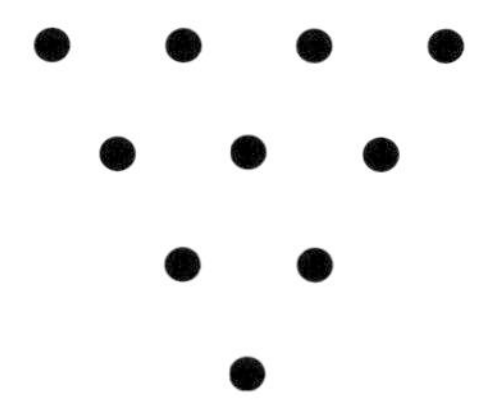

볼링 핀은 위의 그림처럼 10개의 핀이 정삼각형 모양으로 세워져 있습니다.

볼링 말고도 이렇게 정삼각형 모양으로 공을 놓고 하는 게임이 또 있는데 혹시 이곳에서 본 적이 있나요?

"선생님, 2층에서 봤어요. 그곳에도 공들이 정삼각형 모양으로 놓여 있었어요."

뒤쪽에 서 있던 아이는 페르마의 손을 이끌고 2층에 있는 작은 방으로 갔습니다.

이것은 포켓볼이라는 게임으로 어른들이 즐겨 하는 당구 게임 중 하나이지요. 포켓볼 역시 볼링 핀처럼 처음에는 15개의 공을 위의 그림과 같이 정삼각형 모양으로 놓고 시작합니다.

그런데 만약 볼링 핀이나 포켓볼의 수가 9개나 12개였다면 이런 정삼각형 모양을 만들 수 있었을까요?

물론 불가능하겠지요. 그렇다면 정삼각형 모양을 만들 수 있는 숫자는 10이나 15 이외에 또 어떤 것이 있을까요?

피타고라스 흉상

궁금해하는 아이들을 바라보던 페르마는 갑자기 주머니에서 작은 지갑을 꺼냈습니다. 그리고 지갑 속에서 낡은 사진을 꺼내 아이들에게 보여 주었습니다.

이 사진 속의 주인공은 바로 고대 그리스의 수학자이며 철학자였던 피타고라스[2]입니다. 내가 존경하는 수학자 중 한 사람이지요. 피타고라스는 자신을 따르는 제자들과 함께 학교를 세웠습니다. 그리고 피타고라스학파를 만들어 연구를 시작했답니다. 내가 숫자를 무척 좋아한다는 것은 이미 알고 있지요? 수를 연구하는 일에 많은 시간을 바쳤다는 것도 물론 알 테고요.

메모장

❷ 피타고라스 고대 그리스의 철학자·수학자·종교가. 수數를 만물의 근원으로 생각하였으며, '피타고라스의 정리'를 발견하여 과학적 사고를 구축하는 데 큰 역할을 하였다.

그런데 피타고라스는 수에 대한 열정이 나보다 더 대단했던 것 같습니다. 수의 신비로움에 푹 빠진 그는 만물을 수라고 생각했어요. 세상에서 일어나는 모든 현상을 수로 표현할 수 있다고 믿었으니까요. 또한 숫자 2는 여자를, 숫자 3은 남자를 상징하고, 숫자 6은 2×3이므로 결혼을 상징하는 것이라는 등 숫자마다 특별한 의미를 부여하기도 했습니다.

피타고라스와 그의 제자들은 여러 가지 의미의 재미있고 신기한 수를 많이 발견했답니다. 특히 피타고라스 정리를 만족하는 자연수인 (3, 4, 5), (6, 8, 10) 등은 피타고라스의 수라는 이름까지 붙였답니다.

결국 나는 피타고라스가 연구했던 내용을 바탕으로 수에 대해 좀 더 체계적이고 깊이 있게 연구할 수 있었어요. 덕분에 정수의 성질을 다루는 학문인 정수론의 기초를 다지게 되었으니까 피타고라스에게 고맙다는 인사라도 해야겠습니다.

볼링에 대해 설명하다가 갑자기 피타고라스 이야기를 해서 이상하게 생각했지요? 볼링 핀 10개와 삼각형, 그리고 피타고라스는 아주 특별한 관계가 있습니다.

피타고라스는 수와 도형 사이의 관계를 매우 중요하게 여겼습니다. 그리고 그는 밤하늘의 별을 보며 기하학적인 도형을 수와 연관 지어 생각하는 **형상수**形象數를 생각하게 되었지요. 형상수 가운데 가장 간단한 것이 바로 삼각수입니다. **삼각수**란 앞에서 보았던 볼링 핀이나 포켓볼의 모양처럼 일정한 물건으로 삼각형 모양을 만들 때 사용된 물건의 총 개수를 말합니다. 볼링 핀이나 포켓볼의 개수인 10과 15 같은 수가 바로 삼각수가 되는 것이지요. 물론 10과 15 이외에도 무수히 많은 삼각수가 있답니다. 오늘은 피타고라스가 말하는 삼각수가 어떤 수들인지 알아보고 이 수들이 갖는 특별한 성질에 대하여 설명해 보겠습니다.

자, 그럼 삼각수를 찾아볼까요?

아래 그림과 같이 점을 삼각형 모양으로 차례대로 찍어 봅시다.

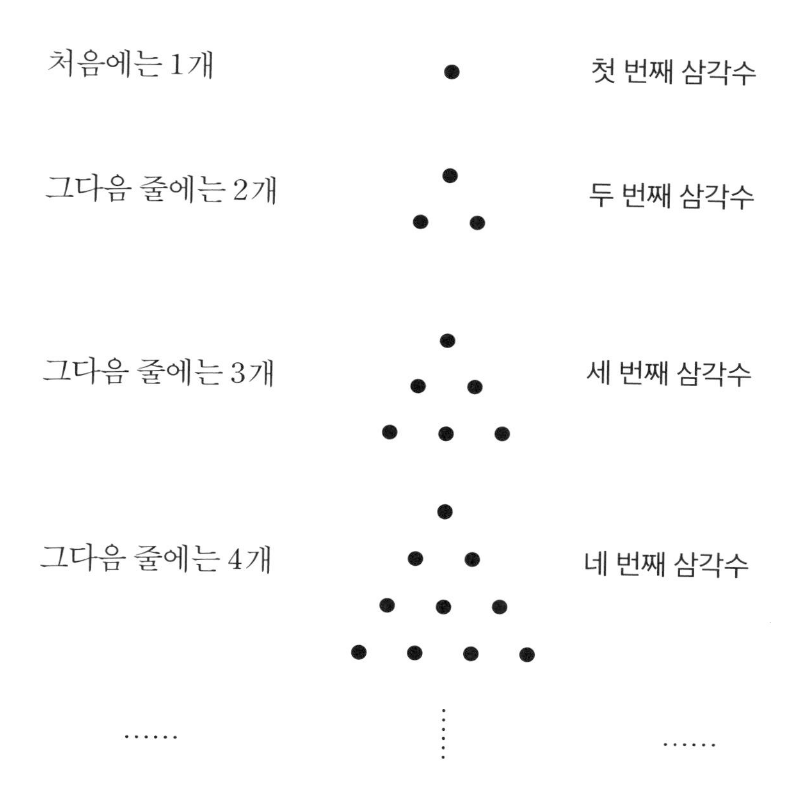

위의 그림에서 알 수 있듯이 정삼각형 모양을 이루는 점의 개수인 1, 3, 6, 10, 15, ……와 같은 수들을 삼각수라고 합니다. 그리고 이 삼각수들은 맨 위부터 차례로 첫 번째 삼각수, 두 번째

삼각수, 세 번째 삼각수, ……라고 부릅니다.

각각의 삼각수는 다음과 같이 구할 수 있습니다.

첫 번째 삼각수 : 1

두 번째 삼각수 : $1+2=3$

세 번째 삼각수 : $1+2+3=6$

네 번째 삼각수 : $1+2+3+4=10$

다섯 번째 삼각수 : $1+2+3+4+5=15$

즉, 첫 번째 삼각수는 1, 두 번째 삼각수는 1부터 2까지의 합, 세 번째 삼각수는 1부터 3까지의 합, 네 번째 삼각수는 1부터 4까지의 합입니다.

결론적으로 n번째 삼각수는 1부터 n까지의 자연수를 모두 더한 값이 된다는 것을 알 수 있습니다.

그렇다면 100번째 삼각수는 어떻게 구할까요? 물론 1부터 100까지의 수를 모두 더하면 되겠지요.

100번째 삼각수 : $1+2+3+4+\cdots\cdots+99+100$

페르마는 아이들에게 1부터 100까지의 자연수를 모두 더해 보라고 하였습니다.

아이들은 귀찮은 듯 투덜거리며 숫자들을 더하기 시작했습니다. 한 아이는 아예 종이를 바닥에 깔고 엎드려서 숫자를 하나씩 더해 가기도 했고 어떤 아이는 계산기를 꺼내 열심히 계산했습니다. 물론 처음부터 포기하고 다른 아이가 하는 것을 기웃거리며 어깨 너머로 쳐다보는 아이도 있었습니다.

몇 분이 지나지 않아서,

"5050이에요."

라고 한 아이가 손을 번쩍 들고 자신 있게 말했습니다. 아이의 얼굴에는 힘든 과정을 마치고 스스로 해냈다는 자신감이 가득 차 있었습니다. 아직 계산을 채 마치지 못한 아이들은 부러운 눈으로 정답을 말한 아이를 바라보았습니다. 페르마는 그 아이에게 다가가 머리를 쓰다듬으며 칭찬해 주고는 커다란 칠판에 무엇인가를 그리기 시작했습니다.

그는 여섯 번째 삼각수 2개를 그린 후 하나는 회전을 시켜 두 개의 삼각수를 붙여 놓았습니다. 아이들은 페르마가 그리는 것을 신기한 듯 쳐다보았습니다.

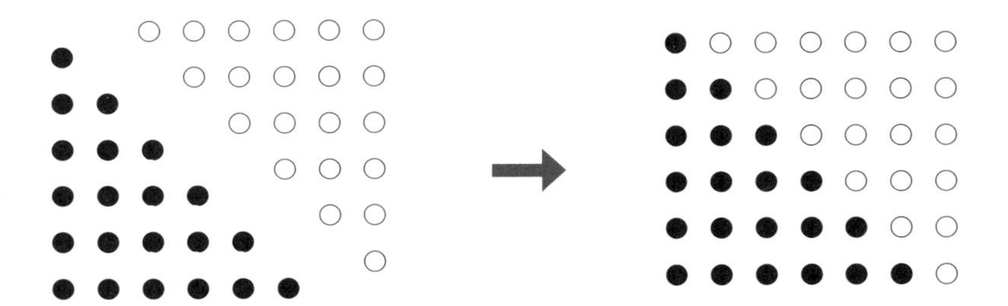

“와! 직사각형 모양이 되었네.”

지금 나는 여섯 번째 삼각수 2개를 붙여 직사각형을 만들었답니다. 이 직사각형에 있는 점은 모두 몇 개일까요?

세로 줄에 6개, 가로 줄에 7개가 놓여 있으므로 $6 \times 7 = 42$개가 됩니다.

그런데 여기서 구한 42는 여섯 번째 삼각수 2개를 합친 것이니까 여섯 번째 삼각수를 구하려면 2로 나누어야 하겠지요. 따라서 여섯 번째 삼각수는 $\frac{6 \times 7}{2} = 21$이 됩니다. 즉, 여섯 번째 삼각수는 6과 6보다 1이 큰 수인 7을 곱한 다음 2로 나누면 됩니다.

그리고 일곱 번째 삼각수는 7과 7보다 1이 큰 수인 8을 곱한

다음 2로 나눈 $\frac{7\times8}{2}=28$이 되겠지요. 이와 같은 방법으로 계속 계산하면 모든 삼각수를 간단히 구할 수 있답니다.

여덟 번째 삼각수는 $\frac{8\times9}{2}=36$

100번째 삼각수는 $\frac{100\times101}{2}=5050$

따라서 n번째 삼각수는 $\frac{n(n+1)}{2}$이라는 식을 얻을 수 있습니다. 그리고 이 식을 이용하면 우리가 알고 싶은 삼각수를 얼마든지 구할 수 있겠지요.

만약 50번째 삼각수를 알고 싶다면 $n=50$이므로,

$$\frac{n(n+1)}{2}=\frac{50\times 51}{2}=1275$$

이제 어떤 삼각수라도 쉽게 구할 수 있겠지요.

이 계산과 관련된 재미있는 이야기를 들려주겠습니다.

독일의 어느 초등학교에서 있었던 일입니다. 선생님은 수업 시간에 아이들이 제멋대로 떠들고 말을 듣지 않자 계산이 까다로운 과제를 내 주었습니다. 내가 여러분에게 내 준 문제처럼 1부터 100까지의 수를 모두 더해서 답을 제출하라고 했지요. 아이들은 불평을 했지만 선생님이 무서운 표정을 짓자 아이들은 할

수 없이 낑낑대며 숫자들을 하나씩 더해 가기 시작했습니다.

그런데 5분도 채 지나지 않아서 한 어린이가 답을 써서 선생님에게 제출했답니다. 그 모습을 지켜본 선생님은 황당한 표정을 지었습니다. 초등학생 아이가 이렇게 빨리 계산을 끝낸 것은 불가능한 일이라고 생각했기 때문이지요. 다른 아이들이 답을 구할 때까지 오랜 시간을 기다린 선생님은 서둘러 채점하기 시작했습니다. 처음으로 답을 써낸 아이의 답안지에는 다른 아이와는 달리 계산한 흔적도 별로 없이 간단하게 5050이라고만 써 있었지요. 그런데 놀랍게도 그것은 정답이었습니다. 그 아이는 바로 훗날 수학의 왕자라고 불리게 될 독일의 수학자 가우스[3]Carl Friedrich Gauss 1777~1855랍니다.

메모장

[3] 가우스 독일의 수학자·물리학자·천문학자. 대수학代數學의 기본 정리를 증명하여 정수론整數論의 완전한 체계를 이루었다. 최소 자승법, 곡면론, 급수론, 복소수 함수론 등을 전개하였고, 천문학, 측지학測地學, 전자기학에도 업적을 남겼다. 저서로《정수론 연구》가 있다.

같은 반 친구들이 1부터 숫자를 하나씩 더하고 있을 때 가우스는 $1+100$, $2+99$, $3+98$, $\cdots$, $50+51$의 값이 모두 101인 것을 이용하여 1부터 100까지의 합은 $101 \times 50 = 5050$이라는 사실을 알아낸 것입니다. 이것은 여러분이 앞으로 고등학생 때 배우게 될 등차수열의 합을 구하는 식입니다. 열 살밖에 되지 않은 가우스가 이 정리를 알아냈다는 것은 매우 놀라운 일입니다.

그 후 가우스는 삼각수와 관련하여 모든 자연수는 최대 3개의 삼각수의 합으로 나타낼 수 있다는 사실도 증명하였답니다.

$$50=1+21+28,\ 81=36+45,\ 131=10+55+66$$

힘들게 계산을 하여 답을 구한 아이들의 입에서 작은 탄성이 흘러나왔습니다. 그런 아이들을 바라보며 페르마는 숫자로 구성된 삼각형 모양의 탑 그림을 보여 주었습니다.

탑처럼 숫자로 쌓은 이 그림에서도 삼각수들을 찾아낼 수 있습니다. 그림에서 세 번째 대각선에 놓여 있는 붉은 테두리 안의 수가 바로 삼각수입니다.

이것은 프랑스의 천재 수학자 파스칼[4]Blaise Pascal 1623~1662이 만든 것으로 파스칼의 삼각형이라고 부릅니다.

파스칼의 삼각형을 만드는 방법은 맨 윗줄에 먼저 1을 쓰고, 그 아랫줄에 1, 1을 써넣습니다. 그다음부터는 양 끝에 1을 쓰고 가운데에는 위의 두 숫자의 합을 써 나가는 방법으로 만들어진 것입니다. 이것은 매우 간단한 덧셈만으로 만든 것이지만 수와 수 사이의 다양한 관계를 알아내는 등 수학에서 아주 중요한 자료로 쓰이고 있습니다.

메모장

[4] **파스칼** 프랑스의 사상가·수학자·물리학자. 현대 실존주의의 선구자로, 예수회의 방법에 의한 이단 심문異端審問을 비판하였다. '원뿔 곡선론', '확률론'을 발표하였으며, '파스칼의 원리'를 발견하였다. 저서로《팡세》가 있다.

파스칼의 삼각형에 대해 조금 더 살펴볼까요.

파스칼이 만든 삼각형에는 삼각수에 대한 또 다른 공식이 숨어 있습니다. 그것이 무엇인지 찾아볼까요?

페르마는 파스칼의 삼각형에서 또 다른 공식을 찾아내기 위해 열심인 아이들을 흐뭇한 모습으로 바라보았습니다. 그리고 자신이 어렸을 적에 숫자에 대한 흥미로 밤낮을 가리지 않고 연구에 몰두했던 시절을 떠올렸습니다.

그것은 삼각수들의 합을 파스칼의 삼각형에서 바로 구할 수 있다는 거예요. 삼각형 안에 있는 노란색 숫자 35는 바로 윗줄에 있는 삼각수를 모두 더한 값이랍니다.

$1+3=4$, $1+3+6=10$, $1+3+6+10=20$,

$1+3+6+10+15=35$, ……

신기하지요? 이런 새로운 사실을 볼 때면 수학은 서로 특별한 관련성을 통해서 발전한다는 것을 알 수 있습니다.

파스칼은 내 인생에 큰 영향을 준 사람 중에 한 명이라고 했던 말을 기억할 겁니다. 나는 그와 편지를 주고받으며 여러 가지 수학 문제를 풀기도 하고 새로운 이론을 만들기도 했습니다.

내가 사람들과의 만남을 별로 좋아하지 않는, 조금은 괴팍하고 고집불통인 사람이었다는 것은 이미 알고 있지요? 예전에는 수학자들과 수학에 관련된 토론을 하는 것을 그리 좋아하지 않았습니다. 사람들과 토론을 하다 보면 이러쿵저러쿵 말도 많아지고 내가 증명한 내용이 잘못되었다며 사람들의 입에 오르내리는 것도 싫었답니다. 그런데 하루는 파스칼이 나보고 연구 결과의 일부를 책으로 만들어 보라고 했을 때, 나는 그에게 이렇게 말했습니다.

"내가 증명한 내용이 책으로 출판되어 사람들에게 칭찬을 받는다고 해도, 거기에 내 이름까지 적어 놓지는 않을 겁니다."

이 정도면 내 성격이 어느 정도로 소극적인지 알겠지요?

그러나 이제는 가르치는 일이 즐겁답니다. 내 강의를 듣고 저보다 더 수학을 사랑하는 사람들이 현대 수학의 발전에 큰 공헌을 하는 것을 보면 굉장히 기쁘고 즐겁습니다. 그때는 왜 이런 즐거움을 몰랐는지 조금 아쉽기도 합니다.

페르마는 아이들에게 또 다른 그림 하나를 보여 주었습니다. 그 그림에는 정사각형 모양의 점들이 찍혀 있었습니다.

삼각수와 마찬가지로 사각수는 위 그림과 같이 점을 정사각형 모양으로 나타낼 수 있는 수를 말합니다.

여기서 정사각형 모양을 이룬 점의 개수를 차례대로 세어 보면 1, 4, 9, 16, ……이 되는데 이렇게 구한 수가 바로 사각수입니다.

이번에는 정사각형 모양을 이룬 점들의 개수를 다른 방법으로 세어 보겠습니다. 아래와 동일한 방법으로 각각의 사각수의 값을 계산해 봅시다.

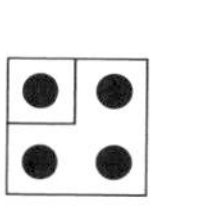
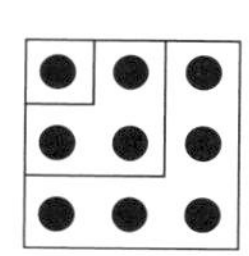
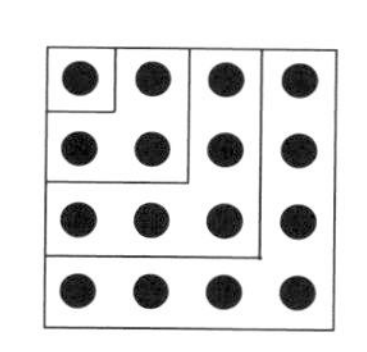
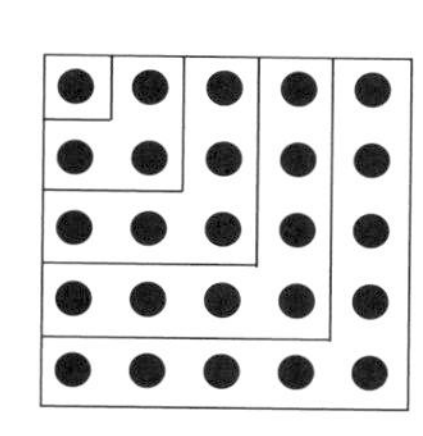
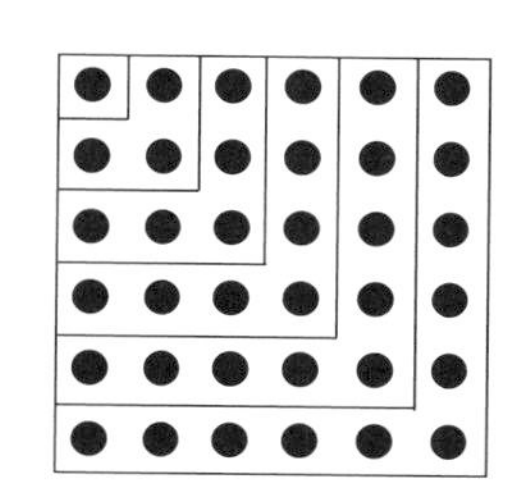

첫 번째 사각수 : 1

두 번째 사각수 : 1+3=4

세 번째 사각수 : 1+3+5=9

네 번째 사각수 : 1+3+5+7=16

다섯 번째 사각수 : 1+3+5+7+9=25

……

사각수도 맨 처음부터 첫 번째 사각수, 두 번째 사각수, 세 번째 사각수 등으로 부르는데 결국 n번째 사각수는 n^2이 된다는 것을 알 수 있습니다. 그렇다면 스무 번째 사각수는 $20 \times 20 = 400$이겠지요.

위의 식에서 사각수에 대한 두 가지 중요한 사실을 알 수 있습니다.

그게 무엇일까요?

하나는 사각수는 홀수의 합으로 이루어져 있다는 것이고 또 다른 하나는 사각수는 모두 같은 수가 두 번씩 곱해진 제곱수라는 것이에요. 이 말은 연속한 홀수들을 차례대로 더하면 그 결과는 항상 제곱수[5]가 된다는 뜻입니다.

메모장

[5] 제곱수 어떤 수를 제곱하여 얻은 수. 1, 4, 9, 16, 25 등이 있다.

삼각수와 사각수는 전혀 관련이 없는 것 같아 보입니다. 하지만 사실 삼각수와 사각수 사이에도 특별한 관계가 있다는 것을 알 수 있습니다.

아래에 있는 삼각수를 차례대로 2개씩 더해 보세요.

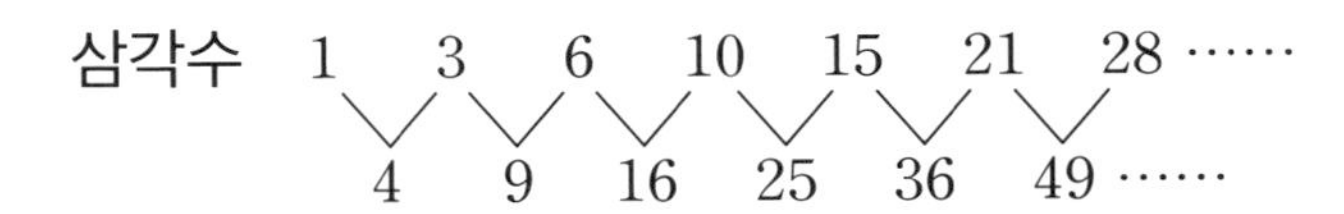

"모두 제곱수인 사각수가 되었어요."

위에서 알 수 있듯이 삼각수를 차례로 나열한 후 이웃하는 수끼리 2개씩 더하면 항상 사각수가 됩니다.

삼각수나 사각수와 마찬가지로 오각수, 육각수 등과 같은 다각수 역시 같은 방법으로 만든 것입니다. 나머지 다각수도 삼각수나 사각수에서 볼 수 있는 여러 가지 재미있는 성질이 있습니다. 어떤 특징들이 있는지 직접 찾아보세요.

피타고라스가 관심을 가졌던 형상수에 대한 연구는 그 자체만으로는 수학적 가치가 크지 않습니다. 그러나 나중에 정수론이라는 학문의 발전에 큰 영향을 주었습니다.

수업 정리

❶ 고대 그리스의 수학자 피타고라스는 자연수로 만물을 나타낼 수 있다고 생각했습니다. 그래서 도형을 점으로 표현하고 이것을 수와 관련지어 생각하는 형상수에 대한 연구를 시작했습니다.

❷ 삼각수란 형상수 중에 가장 간단한 것으로 정삼각형 모양을 만들 수 있는 수를 말합니다. 즉, 1, 3, 6, 10 등을 삼각수라고 합니다. 삼각수는 1부터 시작하여 2, 3, 4, 5씩 커져 나가는 수로 삼각수에는 여러 가지 특별한 성질이 있습니다.

❸ 삼각수를 구하는 것과 동일한 방법으로 정사각형 모양을 만들 수 있는 수를 사각수라고 부릅니다. 사각수는 1, 4, 9, 16, 25 등이 있습니다. 이 수들은 모두 같은 수를 두 번씩 곱한 제곱수입니다.

❹ 삼각수와 사각수 사이에는 특별한 관계가 있는데 삼각수의 이웃하는 2개의 숫자를 서로 더하면 사각수가 됩니다.

❺ 삼각수, 사각수 이외에도 정오각형을 만들 수 있는 오각수, 정육각형을 만들 수 있는 육각수 등이 있습니다. 이것들을 모두 합하여 다각수라고 부릅니다. 오각수는 1, 5, 12, 22, ……이고, 육각수는 1, 6, 12, 18 등이 있습니다.

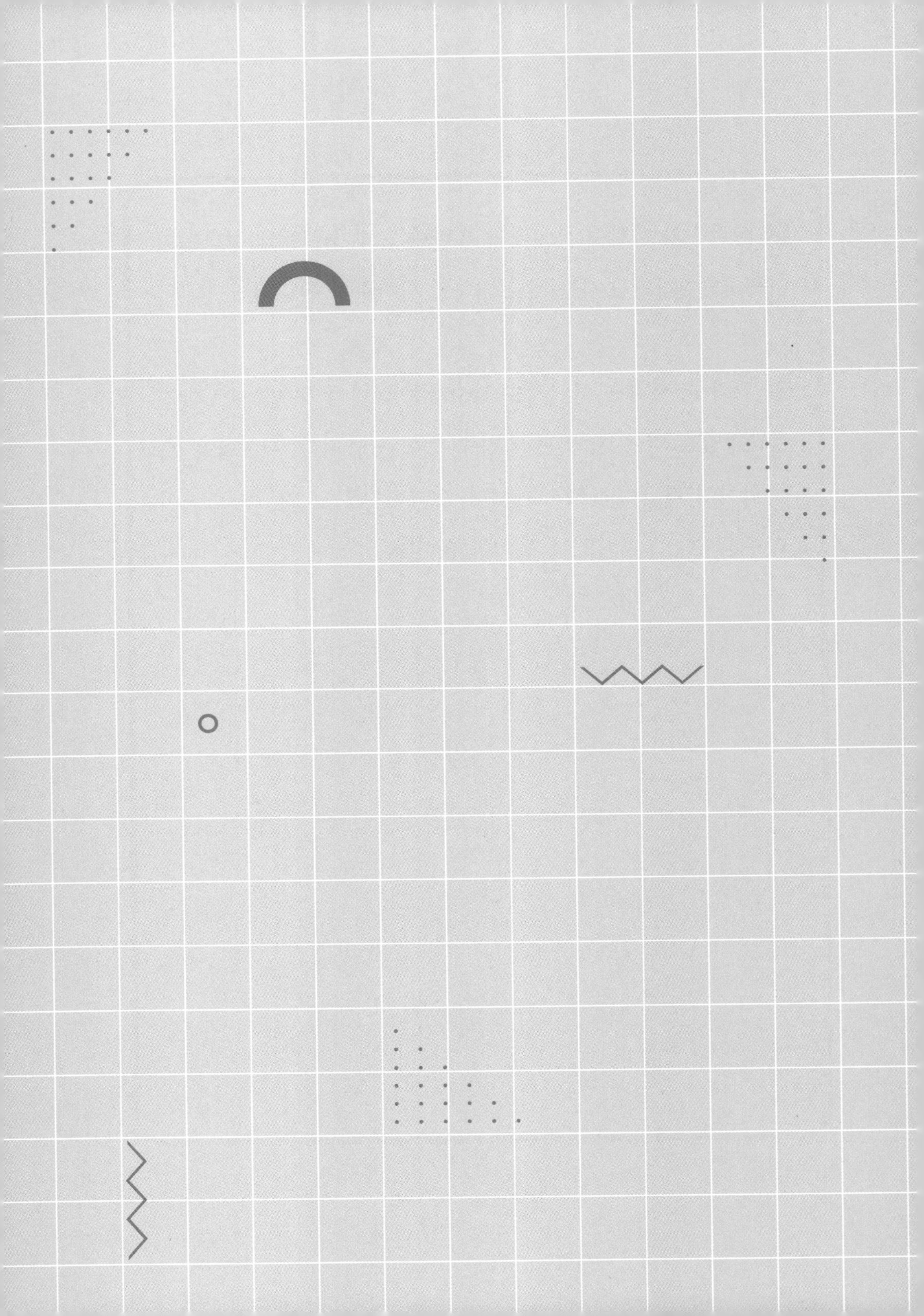

2교시

완전수와 우애수

어, 숫자도 완전한 숫자가 있고 친구들이 있다고요?
그렇습니다. 수에도 특징이 존재해요.
우정을 나타내는 우애수와 자기 자신을 제외한 약수를 더하면
자기 자신이 되는 완전수에 대해 공부해 봅니다.

수업 목표

1. 우애수가 무엇인지에 대하여 알아봅니다.
2. 진약수의 합과 원래의 수 사이의 관계에 따라 완전수, 과잉수, 부족수를 구별할 수 있습니다.

미리 알면 좋아요

1. 자연수 a가 자연수 b로 나누어떨어질 때, 즉 '$a=b\times$자연수'의 꼴로 나타낼 수 있을 때, b를 a의 약수라고 합니다. 예를 들어 $12=3\times4$이므로 3은 12의 약수이고, 또한 $12=4\times3$이므로 4역시 12의 약수입니다. 따라서 12의 약수는 $12=1\times12$, $12=2\times6$, $12=3\times4$이므로 1, 2, 3, 4, 6, 12입니다. 이때, 12의 약수 중에서 자기 자신을 제외한 1, 2, 3, 4, 6을 진약수라고 합니다. 진약수라는 말은 잘 쓰이지 않는 용어랍니다.

2. 같은 수나 문자를 반복해서 곱하는 것을 거듭제곱이라고 합니다. 거듭제곱은 몇 번 곱하느냐에 따라 제곱, 세제곱, 네제곱 등의 이름을 붙입니다. 그리고 다음과 같이 나타내기도 합니다. 예를 들어 2의 세제곱은 $2\times2\times2=2^3$, 3의 네제곱은 $3\times3\times3\times3=3^4$입니다.

페르마의 두 번째 수업

두 번째 수업을 하기 위해 교실로 들어간 페르마는 시끄러운 교실 분위기에 어리둥절해졌습니다. 평소 같으면 아이들이 수업 시간 전부터 초롱초롱한 눈망울로 기다렸을 텐데 오늘은 평소와는 너무도 달랐습니다.

책이 교실 안 여기저기에 떨어져 있었고 아이들은 뒤편에 우르르 몰려 웅성대고 있었습니다. 교탁 위에 책을 내려놓은 페르마는 아이들이 있는 곳으로 다가갔습니다. 두 녀석이 바닥에 뒤엉켜 있었고 그 주위를 아이들이 빙 둘러싸고 각자의 편을 응원했습니다. 한참이 지나서야 페르마를 발견한 아이들은 허둥지둥 자기 자리로 돌아갔고 싸우던 아이들은 아직도 분이 풀리지 않은 듯 서로를 노려보며 씩씩거리고 있었습니다.

평소에 늘 붙어 다니던 아이들인데 오늘은 사소한 오해가 있었나 봅니다. 페르마는 눈물을 글썽이던 아이들의 손바닥에 깃펜으로 한 아이에게는 220, 또 다른 아이에게는 284라는 숫자를 적어 주었습니다.

"페르마 선생님, 왜 220과 284를 손바닥에 적어 주셨어요?"

호기심에 가득 찬 아이들이 페르마의 얼굴을 쳐다보며 물었습니다.

220과 284는 우정을 나타내는 수라고 해서 우애수라고 부릅니다. 우애수는 친구와 하나씩 나눠 가지고 있으면 두 사람의 우정이 영원히 계속된다고 하는 신비로운 숫자입니다. 그래서 옛날부터 사람들은 친한 친구와 이 숫자를 부적처럼 몸에 간직하고 다녔어요. 그렇게 하면 두 사람이 멀리 떨어져 있어도 어디 아픈 곳은 없는지, 무슨 일이 생긴 건 아닌지 서로 느낄 수 있다고 생각했지요. 또한 이 수는 점술가들이 점을 칠 때 사용할 정도로 소중하고 특별한 수로 여겼답니다.

그런데 왜 그 많은 수 중에서 하필이면 220과 284를 우애수라고 할까요?

그 이유는 두 수의 약수를 구해 보면 알 수 있어요.

참, 약수가 무엇인지에 대해서는 알고 있나요?

어떤 자연수 a가 어떤 자연수 b로 나누어떨어질 때, b를 a의 약수라고 합니다. 즉, 220을 나누어떨어지게 하는 수를 220의 약수, 284를 나누어떨어지게 하는 수를 284의 약수라고 하지요.

따라서 220의 약수는 1, 2, 4, 5, 10, 11, 20, 22, 44, 55, 110, 220이고 284의 약수는 1, 2, 4, 71, 142, 284입니다.

페르마는 조금 전에 싸웠던 아이들을 앞으로 불러내어 각자의 손에 적힌 수의 약수를 구한 다음 자기 자신을 제외한 나머지 약수를 모두 더해 보라고 하였습니다. 두 아이는 시큰둥한 표정을 지으며 칠판 앞에 서서 자신의 손에 적힌 수의 약수를 더하기 시작했습니다. 두 아이가 계산하는 것을 숨죽여 지켜보던 아이들은 잠시 후 그 결과를 보고 깜짝 놀랐습니다.

220의 약수의 합 : $1+2+4+5+10+11+20+22+44+55+110$
$=284$
284의 약수의 합 : $1+2+4+71+142=220$

약수 중에서 자기 자신을 뺀 약수를 진약수라고 하는데 여기에 쓰여 있는 것처럼 220의 진약수를 모두 더했더니 284가 되고 284의 진약수를 모두 더했더니 220이 되었어요.

어때요?

이것만으로도 220과 284가 아주 특별한 사이라는 것을 알 수 있겠지요?

서로 너무나 닮은 친구처럼 220과 284는 서로에게 없어서는 안 될 꼭 필요한 수입니다. 이런 사이야말로 참된 우정을 나눌 수 있는 둘도 없는 친구가 되지 않을까요?

그래서 220과 284를 우애수라고 부른답니다.

이제 내가 왜 오늘 싸운 친구들에게 이 숫자를 적어 주었는지 그 이유를 알겠지요.

"선생님, 또 다른 우애수는 없나요? 우애수에 관한 재미있는 이야기가 있으면 더 들려주세요."

UFO는 분명히 있어.
UFO는 다 뻥이야. 그런 거 없어.
외계인을 봤다는 사람도 있단 말이야.
나를 봤다고?
지난번엔 귀신이 있다더니 얘가 갈수록 증세가 심해지네.
내가 보이니?
뭐?
말 다 했냐?
우당탕
그래!
잠깐! 손바닥을 펴 봐라!
쳇, 이 허풍쟁이가!
220
284
선생님! 이게 뭐죠?
선생님, 설마 우리보고 반성문을 이만큼 쓰라고요?
284
흐흐
이 두 수는 아주 사이가 좋아서 우애수라고 부른단다.
220
284
우애수요?
220의 약수의 합
1+2+4+5+10+11+20+22+44+55+110=284
284의 약수의 합
1+2+4+71+142=220
우아
너희 둘도 이 두 수처럼 사이좋게 지내렴.
안녕하세요?
우리도 사이좋게
네.
네.

물론 또 다른 우애수도 있습니다.

지금까지 말한 220과 284는 우애수 중에서도 가장 작은 수랍니다.

이 우애수를 처음 발견한 사람은 피타고라스입니다. 지난 시간에 삼각수를 공부하면서 피타고라스에 대한 이야기를 잠깐 했었지요. 우애수 역시 피타고라스의 업적 중 하나입니다. 나는 피타고라스가 발견한 우애수에 대해 공부하면서 또 다른 새로운 우애수를 찾아보아야겠다는 생각을 했습니다. 피타고라스가 한 일을 저도 하고 싶었기 때문이랍니다.

결국 오랜 시간에 걸쳐 연구하고 노력한 끝에 17296과 18416이라는 우애수 한 쌍을 찾아냈습니다. 좋은 친구를 만나는 일만큼 우애수를 찾는 일은 어렵고 힘든 일입니다. 그래도 찾고 나면 어떤 것을 얻은 것보다 귀중하고 값진 일이 되겠지요. 여러분도 좋은 친구를 찾는 일에 최선을 다해 보세요.

그런데 우애수에 관심을 가진 것은 나뿐만이 아니었답니다. 많은 수학자가 우애수를 찾았습니다.

데카르트[6]René Descartes 1596~1650는 한 쌍의 우애수 9363584와 9437056을 찾았고, 18세기에 오일러[7]Leonhard Euler 1707~1783가 59쌍이나 되는 우애수를 찾아냈답니다. 그리고 에스코트는 무려 390쌍이나 되는 우애수를 적은 장문의 논문을 발표하기도 하였지요. 한 쌍을 찾기도 힘든데 참으로 대단하다는 생각이 듭니다.

그런데 이상하게도 오랜 시간 동안 220과 284 다음으로 작은 우애수를 찾아내지 못했어요. 그러다가 1866년이 되어서야 이탈리아 출신인 16살의 어린 소년 파가니니가 그 수를 발견했답니다. 1184와 1210이 바로 두 번째로 작은 우애수가 된 것이지요.

이 수를 발견한 사람이 유명한 수학자도 교수도 아닌 어린 소년이라는 사실은 많은 사람을 놀라게 했습니다. 파가니니의 발견은 수학에 대한 관심과 열정은 나이와 상관없이 훌륭한 업적을 남길 수 있다는 교훈을 준 것이지요.

메모장

❻ 데카르트 프랑스의 수학자·철학자. 근대 철학의 아버지라 불리며, 해석 기하학의 창시자이다. 그는 모든 것을 회의한 다음, 이처럼 회의하고 있는 자기 존재는 명석하고 분명한 진리라고 보고, '나는 생각한다. 고로 나는 존재한다.' 라는 명제를 자신의 철학적 기초로 삼았다. 저서로 《방법 서설》, 《성찰省察》, 《철학 원리》 등이 있다.

❼ 오일러 스위스의 수학자·물리학자. 미적분학을 발전시켜 변분학을 창시하였다. 그 밖에 해석학의 체계를 세우고, 터빈 이론을 정립하였다.

이 우애수와 관련하여 재미있는 이야기가 전해지고 있습니다. 옛날에 어떤 문제든지 다 풀 수 있다는 자만심이 넘친 사람이 있었습니다. 그는 종종 수학 문제로 내기를 하여 상대방을 골탕 먹이곤 하였답니다. 하루는 어느 감옥의 교도관으로부터 죄수 중 한 사람이 수학자라는 이야기를 듣고 다음 날 그를 찾아갔지요. 그리고 아주 거만한 표정으로 다음과 같은 제안을 했습니다.

"나랑 내기를 하자. 만약 네가 내게 어떤 문제를 내면 내가 그 문제를 풀 때까지 너에게 자유를 주겠다. 그러나 내가 그 문제를 풀자마자 너를 처형시키겠다. 어때, 내 제안을 받아들이겠는가?"

그 말을 들은 죄수는 아무런 망설임도 없이 그의 제안을 받아들였습니다. 그리고 다음과 같은 문제를 냈습니다.

"220의 약수 중에서 자신을 제외한 나머지 수를 모두 더하면 284가 되고, 284의 약수 중에서 자기 자신을 제외한 나머지 수를 모두 더하면 220이 됩니다. 220과 284와 같은 식으로 연관된 다른 수 한 쌍을 찾아보십시오."

결과는 어떻게 되었을까요?

죄수는 평생 자유를 얻었습니다. 왜냐하면 그 사람은 그 죄수가 죽을 때까지도 문제의 해답을 알아내지 못했기 때문이지요.

우애수에 대한 연구는 그 후에도 많은 수학자에게 풀어야 할 중요한 과제로 남았습니다. 또한 새로운 우애수를 찾는 연구도 계속되었지요.

최근에서야 릴레 교수가 한계를 정한 다음 그 안에 속하는 우애수를 찾는 새로운 방법을 발견하였답니다. 그는 백억보다 작은 우애수의 쌍 1427가지의 목록을 작성했다고 합니다. 그러나 우애수가 계속 존재하는지, 가장 큰 우애수가 무엇인지에 대해서는 아직도 알려지지 않고 있습니다. 단지 많은 수학자는 무수히 많은 우애수가 존재할 것이라고 믿고 있지요. 물론 그것을 증명할 방법은 아직 찾아내지 못했지만요.

페르마의 이야기를 귀 기울여 듣던 한 아이가 손을 번쩍 들더니 의기양양한 모습으로 페르마에게 다음과 같이 말했습니다.

"선생님 제가 재미있는 사실을 알아냈어요. 6의 진약수를 모두 더해 보니까 다시 6이에요. 그럼 6은 자기 자신과 우애수가 되는 건가요?"

그리고 칠판 앞으로 나가더니 무엇인가를 쓰기 시작했습니다. 6의 약수는 1, 2, 3, 6이고 진약수를 모두 더하면 1+2+3=6. 그 아이의 모습을 지켜보던 페르마는 환하게 웃었습니다.

맞습니다. 6과 같이 자기 자신을 제외한 약수 진약수를 모두 더하면 자기 자신이 되는 수가 있습니다. 이런 수를 완전수라고 한답니다. 6뿐만 아니라 28, 496, 8128도 완전수[8]랍니다.

메모장

❽ 완전수 그 자신의 수를 뺀 모든 약수의 합이 원래의 수가 되는 자연수.
6=1+2+3, 28=1+2+4+7+14 등이 있다.

6 = 1+2+3

28 = 1+2+4+7+14

496 = 1+2+4+8+16+31+62+124+248

$$8128 = 1+2+4+8+16+32+64+127+254+508+1016+2032+4064$$

완전수에 대하여 처음 정의를 내린 사람도 역시 피타고라스입니다. 이 수가 처음 발견되었을 때, 피타고라스와 그의 제자들은 완전수인 6을 아주 신비한 수로 여겼지요.

피타고라스 이외에도 많은 사람은 6이나 28과 같은 완전수의 신비로움에 빠져 있었습니다. 6과 28이 완전수이기 때문에 하느님이 세상을 6일 만에 창조하셨고 달이 지구를 한 바퀴 도는 데 28일이 걸린다고 생각하기도 했습니다.

아마도 여러분처럼 완전수는 우애수를 연구하던 중에 찾아내었던 것 같군요.

아주 옛날 사람들은 6, 28, 496, 8128 단 4개의 완전수만을 알고 있었어요. 숫자가 커지면서 완전수가 더 드물게 나타나기 때문에 완전수를 찾는 것은 쉽지 않은 일이었답니다. 8128 다음의 완전수는 몇 자리 정도나 되는 수일까요?

"만의 자릿수 아니면 십만의 자릿수인가요?"

아닙니다. 그다음 완전수, 그러니까 다섯 번째 완전수는 무려 33550336이라고 합니다. 네 번째 완전수와 다섯 번째 완전수

의 차이가 엄청나지요. 그렇기 때문에 다섯 번째 완전수를 찾는 일이 쉽지 않았던 것입니다.

그렇다면 여섯 번째 완전수는 얼마일까요?

사람들은 더 많은 완전수가 있을 것이라고 생각했습니다. 하지만 완전수를 찾기 위해 모든 수의 약수를 구한 다음 더해서 확인해 보는 것은 더더욱 불가능한 일이지요. 많은 수학자가 이 문제를 가지고 고민하던 중 고대 그리스의 수학자 유

메모장

❾ 유클리드 고대 그리스의 수학자. 기하학의 원조로, 《기하학 원론幾何學原論》을 써서 유클리드 기하학의 체계를 세웠다.

클리드[9]Euclid, B.C. 330~B.C. 275가 완전수를 찾는 방법을 알아냈습니다. 그는 2, 4, 8, 16, …… 등 2의 거듭제곱을 차례차례 더해서 나온 결과를 이용하여 완전수를 찾아냈습니다.

$1+2=3$ 에서 3이 소수이므로 $2\times3=6$, 6은 완전수

$1+2+4=7$에서 7이 소수이므로 $4\times7=28$, 28은 완전수

$1+2+4+8=15$에서 15는 소수가 아님

$1+2+4+8+16=31$에서 31이 소수이므로 $16\times31=496$, 496은 완전수 …….

이와 같은 방법을 계속하면 $1+2+4+\cdots+2^{n-1}$의 값은 2^n-1이 됩니다. 이 계산은 고등학교 수학 책에서 등비수열이라는 단원에 나옵니다. 지금은 조금 어려우니까 결과만 알아 두세요.

따라서 다음과 같은 결론을 얻을 수 있습니다.

$1+2+4+\cdots+2^{n-1}=2^n-1$에서 2^n-1이 소수이면 $2^{n-1}\times(2^n-1)$은 완전수.

즉, 2^n-1이 소수일 때는 완전수가 된다는 뜻입니다.

2^n-1이 소수인 경우 이 수를 메르센의 소수라고 부릅니다. 그렇다면 결국 완전수는 메르센 소수와 굉장히 밀접한 관계가

있겠지요. 메르센 소수에 관해서는 다음 시간에 좀 더 자세히 설명하겠습니다.

현재까지 알려진 가장 큰 완전수는 2024년 10월에 발견된 $2^{136279841}-1$입니다. 이 수는 무려 4102만 4320자리나 된다고 합니다.

그런데 이렇게 찾은 완전수들은 어떤 특별한 성질이 있을까요?

페르마의 질문에 답하기 위해 칠판에 적힌 수들을 골똘히 바라보고 있던 학생들이 즐거운 듯 소리쳤습니다.

"모두 짝수예요."
"일의 자리가 6 아니면 8이에요."

그런 아이들을 지켜보면서 페르마는 아이들을 가르치는 것이 무척 즐겁고 행복한 일이라고 생각했습니다.

맞습니다. 지금까지 알려진 완전수는 모두 일의 자리가 6또는 8인 짝수입니다. 그렇다면 완전수는 모두 짝수일까요? 홀수는 하나도 없을까요?

현재까지 알려진 완전수는 아쉽게도 모두 짝수랍니다. 홀수인 완전수가 존재하는지는 아직 알려지지 않았습니다. 단지 보다 작은 수 중에는 모두 짝수인 완전수만 존재한다고 증명되어 있지요.

피타고라스와 그의 제자들은 완전수를 연구하면서 이 수에 대한 또 다른 재미있는 성질을 알아냈답니다. 모든 완전수는 다음과 같이 항상 연속된 자연수의 합으로 나타낼 수 있습니다.

$6 = 1 + 2 + 3$

$28 = 1 + 2 + 3 + 4 + 5 + 6 + 7$

$496 = 1 + 2 + 3 + \cdots\cdots + 29 + 30 + 31$

$8128 = 1 + 2 + 3 + \cdots\cdots + 125 + 126 + 127$

위의 식에서 더해진 수의 마지막 수를 살펴보면 $3 = 2^2 - 1$, $7 = 2^3 - 1$, $31 = 2^5 - 1$, $127 = 2^7 - 1$로 모두 $2^n - 1$의 꼴이며 이때 n은 소수가 됩니다.

또한 6을 제외한 완전수는 연속된 홀수의 세제곱의 합으로 나타낼 수도 있습니다.

$28 = 1^3 + 3^3$

$496 = 1^3 + 3^3 + 5^3 + 7^3$

$8128 = 1^3 + 3^3 + \cdots\cdots + 15^3$

$33550336 = 1^3 + 3^3 + \cdots\cdots + 127^3$

이것 말고도 완전수와 관련된 여러 가지 성질이 있는데 완전수를 이진법의 수로 나타내면 다음과 같다고 합니다. 이진법의 수란 0과 1로만 수를 나타내는 또 다른 수의 표현 방법이에요.

$6 = 110_{(2)}$

$28 = 11100_{(2)}$

$496 = 111110000_{(2)}$

$8128 = 1111111000000_{(2)}$

$33550336 = 1111111111111000000000000_{(2)}$

지금까지 너무 완전수에 대해서만 이야기를 한 것 같군요. 다른 수들도 이름을 붙여 볼까요?

1을 제외한 모든 자연수에서 자신을 제외한 약수를 모두 더하면 앞에서 설명한 것처럼 원래의 수와 같아진 완전수가 되는 경우도 있지만 그렇지 않은 경우도 있답니다. 다음 수들처럼 진약수의 합이 원래의 수보다 작은 경우예요.

9의 약수는 1, 3, 9이므로 $9>1+3$

15의 약수는 1, 3, 5, 15이므로 $15>1+3+5$

21의 약수는 1, 3, 7, 21이므로 $21>1+3+7$

……

이런 수들을 부족수라고 부른답니다. 완전수가 되기에는 수가 좀 모자라다는 뜻이겠지요. 부족수 중에는 단지 1이 모자라서 완전수가 될 수 없는 안타까운 수들도 있답니다.

2의 진약수의 합 : 1

4의 진약수의 합 : $1+2=3$

8의 진약수의 합 : $1+2+4=7$

16의 진약수의 합 : $1+2+4+8=15$

……

그런데 이런 숫자들은 $2, 2^2, 2^3, 2^4$와 같이 모두 2의 거듭제곱으로 나타낼 수 있습니다. 반대로 진약수의 합이 원래의 수보다 큰 경우가 있는데 이런 수들을 과잉수 또는 초과수라고 부른답니다.

18의 약수는 1, 2, 3, 6, 9, 18이므로 $18<1+2+3+6+9$

20의 약수는 1, 2, 4, 5, 10, 20이므로 $20<1+2+4+5+10$

36의 약수는 1, 2, 3, 4, 6, 9, 12, 18, 36이므로

$36<1+2+3+4+6+9+12+18$

결국 1을 제외한 모든 자연수는 부족수, 완전수, 과잉수 중 하나의 이름을 갖게 되겠지요.

수업 정리

❶ 두 수 220과 284는 서로의 약수가 매우 특별한 관계에 있습니다. 220의 진약수자신을 제외한 약수는 1, 2, 4, 5, 10, 11, 20, 22, 44, 55, 110인데, 이것들의 합은 284입니다. 또 284의 진약수는 1, 2, 4, 71, 142인데, 이것들의 합은 220입니다. 서로 다른 친구를 '또 다른 나'라고 말한 피타고라스는 이 두 수가 아름다운 우정과 닮았음을 발견했으며, 이런 수들을 '우애수'의 쌍이라고 불렀답니다.

❷ 영어로 'perfect number'라고 불리는 완전수는 피타고라스 학파가 매우 관심을 가지고 연구하였던 수라고 합니다. 완전수는 자신의 약수들의 합이 자신과 일치하는 수를 말합니다. 예를 들어, 6의 약수는 1, 2, 3, 6인데, 자기 자신인 6을 제외한 수들을 모두 더하면 $1+2+3=6$이 됩니다. 또한 28의 약수는 1, 2, 4, 7, 14, 28인데 같은 방법으로 28을 제외한 모든 약수를 더하면 $1+2+4+7+14=28$이 됩니다. 이와 같은 수를 완전수라고 합니다.

❸ 완전수와는 달리 약수의 합이 그 자신보다 큰 경우 이러한 수를 '초월수' 또는 '과잉수' 라고 부릅니다. 이와 반대로 약수의 합이 그 자신보다 작은 경우 우리는 이 수를 '불완전수' 혹은 '부족수' 라고 부릅니다.

예를 들면 12의 약수는 1, 2, 3, 4, 6, 12이고 1＋2＋3＋4＋6＝16이므로 16＞12 따라서 12는 과잉수입니다.

10의 약수는 1, 2, 5, 10이고 1＋2＋5＝8이므로 8＜10 따라서 10은 부족수가 됩니다.

3교시

소수 이야기

아무리 나누어도 1과 자신만 나오는 수,
그 수를 소수라고 합니다.
자세한 이야기를 들어 보고 싶지 않으세요?

수업 목표

1. 소수가 무엇인지에 대하여 알아봅니다.
2. 에라토스테네스의 체를 이용하여 소수를 구해 봅니다.

미리 알면 좋아요

1. 소수란 약수의 개수에 따라 결정되는 것이므로 자연수의 약수를 구하는 방법을 알아야 합니다. 약수가 무엇인지에 대해 다시 한번 반복하여 설명하면 약수란 자연수 a가 자연수 b로 나누어떨어질 때 곧 '$a=b\times$자연수' 의 꼴로 나타낼 수 있을 때, b를 a의 약수라고 한답니다.

2. 에라토스테네스의 체는 소수를 간단히 구할 수 있는 방법입니다. 그런데 이것은 배수를 이용하여 구하기 때문에 어떤 수의 배수를 구하는 방법을 알아야 합니다. '$a=b\times$자연수' 의 꼴로 나타낼 수 있을 때, a를 b의 배수라고 하지요. 예를 들어 3의 배수는 3, 6, 9, 12, ……이고, 4의 배수는 4, 8, 12, 16, ……입니다.

3. 소수는 암호를 만들 때 아주 중요한 자료로 사용되고 있습니다. 따라서 암호와 관련된 책을 읽었다면 소수가 어떻게 쓰이는지 좀 더 쉽게 알 수 있습니다.

페르마의
세 번째 수업

점심을 먹고 난 후 아이들은 바둑 이야기에 한참 열을 올렸습니다. 지난달 한 바둑기사가 최다 연승 신기록을 세웠다는 글이 신문에 실리면서 아이들은 바둑에 관심을 두기 시작했고, 이제는 쉬는 시간만 되면 삼삼오오 모여 바둑을 두곤 하였습니다. 페르마는 아이들을 자리에 앉게 한 후 바둑돌을 가져다가 아이들에게 한 움큼씩 나누어 주었습니다.

이번 시간에는 바둑돌을 가지고 특별한 수에 대해 공부를 하려고 합니다. 지금 각자 가진 바둑돌이 몇 개인지 세어 본 후 그 바둑돌로 직사각형 모양을 만들어 보세요. 그리고 직사각형 모양을 만든 사람은 손을 들어 보세요.

시간이 지나면서 아이들이 하나둘씩 손을 들기 시작했습니다. 그리고 손을 들지 못한 아이들은 바둑돌을 이리저리 옮기며 직사각형 모양을 만들기 위해 애쓰고 있었습니다.

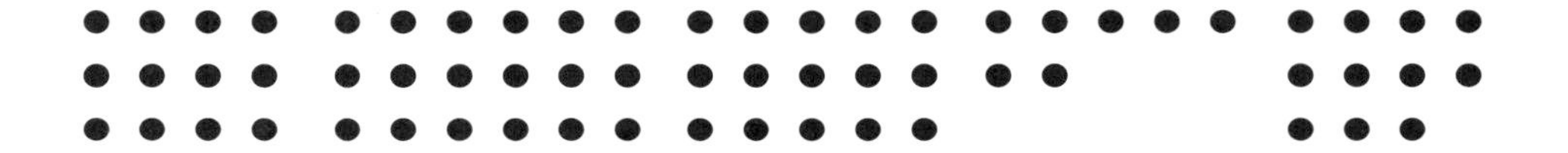

지금 손을 든 사람들은 자신의 바둑돌이 몇 개인지 말해 보세요.

"12", "20", "8", "15", "16", "21"

그렇다면 아직까지도 직사각형을 만들지 못한 사람들은 가지고 있는 바둑돌이 몇 개인가요?

"7", "13", "11", "5", "17"

여러분이 가지고 있는 바둑돌의 개수에 따라 어떤 것은 직사각형 모양을 만들 수 있고 어떤 것은 직사각형 모양을 만들 수 없답니다.

그럼 직사각형 모양을 만들 수 없었던 수들은 어떤 특징이 있을까요?

"모두 홀수예요."

"다른 수로는 나누어지지 않아요."

두 종류의 수들이 어떤 특징이 있는지 알아보기 위해 우선 약수의 개수를 구해 보도록 하지요.

수	약수	개수
8	1, 2, 4, 8	4
12	1, 2, 3, 4, 6, 12	6
15	1, 3, 5, 15	4
16	1, 2, 4, 8, 16	5
20	1, 2, 4, 5, 10, 20	6
21	1, 3, 7, 21	4

수	약수	개수
5	1, 5	2
7	1, 7	2
11	1, 11	2
13	1, 13	2
17	1, 17	2

어떤가요? 직사각형 모양을 만들 수 있는 수들은 여러 개의 약수를 가진 데 비해 직사각형 모양을 만들 수 없는 수들의 약수는 모두 2개랍니다. 약수가 2개라는 것은 1과 자기 자신 이외의 다른 수로는 절대로 나누어지지 않는다는 것이지요.

이런 수를 소수[10]라고 합니다. 다시 말해서 소수란 2, 3, 5, 7 등과 같이 1보다 큰 자연수 중에서 1과 자기 자신 이외에는 다른 약수를 갖지 않는 수랍니다.

메모장

⑩ 소수 1보다 큰 자연수 중에서 1과 자기 자신 이외에는 다른 약수를 갖지 않는 수.

아주 오래전부터 사람들은 소수에 대해 특별한 관심을 보이기 시작했어요. 특히 소수가 얼마나 많은지에 대해 무척이나 궁금해 했답니다. 소수는 왠지 다른 수들에 비해 순수하다고 생각되어 좋다는 사람들이 생겨나면서 소수를 사랑하는 사람들의 모임까지도 만들어졌다고 하니 그 인기가 어느 정도인지는 짐작할 수 있겠지요.

소수 중에는 쌍둥이 소수라는 재미있는 이름을 가지고 있는 것도 있답니다. 쌍둥이 소수란 (3, 5), (5, 7), (11, 13), (17, 19) 등 차이가 2인 두 수가 모두 소수가 되는 경우를 말합니다.

그런데 여기서 말하는 소수素數란 1.3, 0.08과 같은 소수小數와는 전혀 다른 것이에요. 소수는 한 이름에 두 가지 뜻을 가진 단어랍니다.

북한에서는 소수를 '씨수'라고 불러요. 아마도 열매를 얻거나 꽃을 보기 위해서는 우선 씨를 뿌려야 하듯이 소수 역시 수를 만드는 가장 기본적인 수라는 뜻에서 붙인 이름이겠지요.

많은 수학자가 소수에 대해 관심을 갖는 또 다른 이유는 소수의 성질을 알면 다른 수들의 성질도 저절로 알 수 있기 때문이랍니다. 모든 자연수는 소수의 곱으로 나타낼 수 있어요. 예를 들어 $6=2\times3$이므로 2와 3의 성질을 알면 6의 성질을 알 수 있지요. 또한 45는 3을 두 번, 5를 한 번 곱해서 만들 수 있는 수이므로 45는 3과 5의 공통적인 성질을 갖게 되지요. 따라서 자연수를 연구할 때도 소수에 대해서만 집중적으로 연구하면 되는 것이지요.

그런데 이런 소수는 어떻게 찾을 수 있을까요?

숫자가 커질수록 그 수가 소수인지 아닌지를 구별한다는 것은 쉬운 일이 아니겠지요.

페르마는 잠시 밖으로 나갔다 오더니 집에서 흔히 볼 수 있는 체를 하나 가지고 왔습니다. 아이들은 선생님이 왜 체를 들고 오셨는지 무척이나 궁금해했습니다.

"선생님, 그 체로 무엇을 하실 건가요?"

여기에다 1부터 100까지의 숫자를 담은 후 체로 칠 겁니다. 그럼 소수만 남고 다른 수들은 밑으로 떨어지게 될 거예요.

페르마의 말에 아이들은 더 황당한 표정을 지었습니다. 체란 보통 밀가루 등 음식물을 거를 때 쓰는데 갑자기 페르마가 체로 숫자를 치면 소수만 남고 다른 수는 밑으로 떨어진다고 하니 이해가 안 된다는 표정이었습니다. 그런 아이들을 바라보던 페르마는 한참을 웃더니 다음과 같이 설명을 하였습니다.

완전수나 우애수를 구할 때처럼 소수를 찾는 것도 쉬운 일은 아니랍니다. 소수를 찾는 가장 쉬운 방법을 찾아낸 사람이 바로 에라토스테네스라는 수학자랍니다. 에라토스테네스는 해시계를 이용하여 처음으로 지구의 둘레를 잰 사람이에요. 그는 다음과 같은 방법으로 소수를 찾았답니다.

1, 2, 3, 4, …… 무한히 나아가는 자연수에서 소수를 찾으려면, 우선 1은 소수가 아니므로 지웁니다. 다음 2를 제외한 2의 배수는 모두 소수가 아니므로 지웁니다. 다음 3를 제외한 3의 배수는 모두 소수가 아니므로 지웁니다. 다음 4의 배수는 이미 2의 배수이므로 할 필요가 없겠지요.

다음 5를 제외한 5의 배수는 모두 소수가 아니므로 지웁니다.

이렇게 계속해서 지워 나가다 보면, 결국 소수만 남게 됩니다. 이런 방법으로 소수를 찾는 것은 마치 음식물을 체에 거르는 것과 비슷하다고 해서 에라토스테네스의 체라고 부르게 된 것이지요.

'에라토스테네스의 체', 재미있는 이름이지요.

에라토스테네스의 체는 아주 단순한 방법이면서 지금까지 소수를 찾는 방법 중에 가장 쉽고 좋은 방법이랍니다. 그래서 이 방법은 우리가 배우고 있는 수학 교과서에도 단골로 나오고 있지요.

17세기 이후 많은 수학자의 관심은 제일 큰 소수를 찾아내는 일에 집중되었습니다. 수학자뿐만 아니라 수학에 관심이 있는 사람들까지도 다른 사람이 찾아낸 소수보다 더 큰 소수를 찾아내는 것이 인생의 중요한 목표라도 된 듯 소수 찾기에 빠져들었답니다.

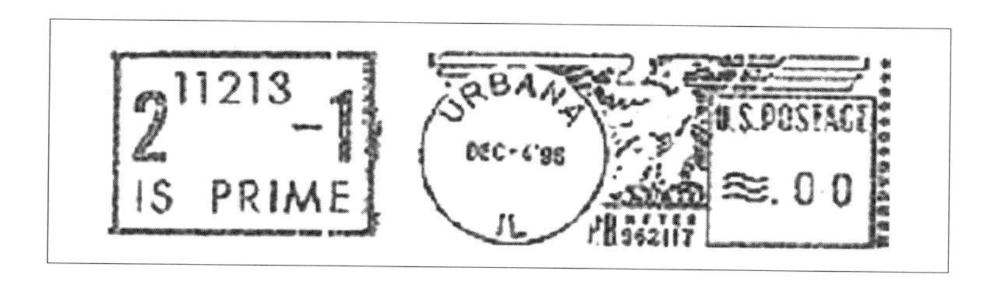

1963년 미국 일리노이 대학에서는 23번째 메르센 소수를 발견하였는데 이를 기념하기 위하여 '$2^{11213}-1$은 소수다' 라고 새긴 우편 스탬프를 찍기도 했다고 합니다. 이 사실만 보아도 소

수의 인기를 어느 정도 짐작할 수 있을 겁니다.

평소 수학에 대해 많은 관심을 가졌던 프랑스의 수도사 메르센은 틈만 나면 소수 연구에 열중하였습니다. 어느 날 그는 3, 7, 31, 127 등과 같은 소수를 2^2-1, 2^3-1, 2^5-1, 2^7-1 등과 같은 식으로 바꿀 수 있다는 사실을 알아냈어요. 이것을 근거로 n이 소수일 때, 2^n-1과 같은 모양의 수 중 많은 수가 소수일 것이라고 추측하였습니다. 그는 이런 소수를 자신의 이름을 붙여 메르센 소수라고 불렀어요. 그리고 그의 책에 $n=2, 3, 5, 7, 13, 17, 19, 31, 67, 127, 257$인 경우 2^n-1은 소수라고 발표했습니다.

그 후 메르센 소수에 대한 논란은 수학자들 사이에서 수백 년 동안 계속되었답니다.

"$n=31$인 경우는 메르센 소수가 맞아."

"$n=67$인 경우는 메르센 소수가 아니야."

"$n=67$인 경우 그 수가 메르센 소수가 아니라는 증거를 대 봐. 다른 두 수의 곱으로 나타낼 수 있어? 없잖아. 그러니까 메르센 소수가 맞아."

수학자들은 메르센이 말한 수가 정말 소수인지 아닌지를 증명하기 시작했어요. 그러면서 메르센도 몰랐던 새로운 메르센 소수도 찾기 시작했지요.

1750년에 오일러는 $2^{31}-1$이 소수라는 것을 증명했고, 1876년 루카스에 의해 $2^{127}-1$이 소수라는 것이 증명되었어요. 그리고 1900년대 초에는 파우어스가 메르센도 몰랐던 $2^{89}-1$과 $2^{107}-1$이 소수라는 것을 찾아냈답니다.

그런데 $n=67$인 경우 $2^{67}-1$은 소수라고 말했던 메르센의 말이 사실인지 아닌지에 대한 증명을 그 누구도 하지 못했습니다. 결국 사람들은 250년 동안이나 이 수는 분명 소수일 것이라고 믿었답니다.

그런데 1903년 한 미국 수학협회의 강연에서 놀라운 일이 일어났습니다. 200년이 넘도록 아무도 알아내지 못했던 사실이 한 수학자에 의해서 밝혀진 역사적인 순간이었지요. 평소에 말이 적었던 콜롬비아 대학의 프랭크 넬슨 콜이라는 수학자는 많은 사람이 지켜보는 가운데 칠판 앞으로 걸어 나갔습니다. 그리고 묵묵히 2를 67번 곱한 다음 1을 뺀 수를 썼답니다. 사람들은 모두 숨을 죽인 채 칠판을 응시하고 있었지요. 그때 그가 칠판에 적은 식은 다음과 같았습니다.

$$147573952589676412927 = 193707721 \times 761838257287$$

강연장 곳곳에서는 박수 소리와 함께 탄성이 흘러나왔습니다. 결국 $2^{67}-1$이 소수가 아니라는 것이 250년 만에 증명된 것이지요.

정말 대단하지요?

지금 다시 생각해도 이때의 감격은 참석한 모든 사람에게 잊지 못할 순간이었습니다.

그 후로 2024년까지 메르센 소수는 3, 7, 31, 127을 포함해 52번째 소수까지 발견되었습니다. 놀랍게도 37번째 메르센 소수인 $2^{3021377}-1$은 1998년 19세의 대학생이 찾아냈지요. 그리고 2024년에 전 엔비디아 직원인 루크 듀랜트가 52번째 메르센 소수 $2^{136279841}-1$을 발견했답니다. 이 소수는 4102만 4320자리의 숫자로 모두 적는 데만 해도 33주 정도의 시간이 걸리고 다 써놓은 숫자의 길이를 재면 125km 정도가 된다고 합니다.

실은 나도 소수 찾는 일에 한몫을 했답니다. 음이 아닌 정수 n에 대해서 $2^{2^n}+1$이 소수가 되는 경우가 있다는 것을 알아낸 것입니다. 나도 메르센처럼 $2^{2^n}+1$의 꼴로 나타낼 수 있는 수 중에서 소수인 수를 F_n이라고 하고 페르마 소수라는 이름을 붙였지요. 지금까지 밝혀진 페르마 소수는 고작 5개뿐이지만 그래도 수학을 연구하는 데 중요한 자료로 쓰이고 있답니다.

$F_0=2^1+1=3$ $F_1=2^2+1=5$ $F_2=2^4+1=17$

$F_3=2^8+1=257$ $F_4=2^{16}+1=65537$

앞으로 소수와 관련된 내 이야기는 좀 더 하게 될 거예요.

소수를 연구한 수학자가 많은 만큼 이 수에 대한 특별한 정리들이 많이 있습니다. 그런데 그 정리들 중에는 아직까지도 풀지 못한 문제도 많답니다. 그중 하나는 골드바흐가 1704년 오일러에게 보낸 편지에 적혀 있는 것으로 4이상의 모든 짝수는 2개의 소수의 합으로 나타낼 수 있다는 것이지요.

즉, $4=2+2$, $6=3+3$, $8=3+5$, $12=5+7$, ……

이것이 바로 골드바흐의 추측[11]이라는 이름이 붙여진 유명한 정리랍니다.

메모장

⑪ 골드바흐의 추측 '2 이외의 짝수는 소수 2개의 합으로 나타낼 수 있다'는 증명.

또 한 가지는 쌍둥이 소수에 관한 것이에요. 앞에서 내가 쌍둥이 소수가 무엇인지에 대하여 잠깐 말한 적이 있지요.

3과 5, 5와 7, 11과 13 등이 쌍둥이 소수인데 이런 쌍둥이 소수가 무수히 많이 있을까에 대한 의문이에요. 2025년 현재까지 알려진 가장 큰 쌍둥이 소수는 $2996863034895\times2^{1290000}\pm1$로, 자릿수만 388342자리라고 합니다. 더 큰 쌍둥이 소수는 과연 존재할까요? 이 질문에 대한 답은 앞으로 수학의 발전에 커다란 공헌을 할 여러분에게 맡겨도 되겠지요.

내용이 좀 어려워지고 계산이 복잡해지자 아이들은 지루해하기 시작했습니다. 어떤 아이는 입을 크게 벌리며 하품을 하기도 했고 어떤 아이들은 수업 시간에 나누어 준 바둑돌로 게임을 하기도 했습니다. 페르마는 그런 아이들을 보면서 이제 그만 수업을 마쳐야겠다는 생각을 했습니다. 그런데 한 아이가 큰 소리로 물었습니다.

"선생님, 그런데 사람들은 시간도 많이 걸리고 별로 중요할 것 같지도 않은데 왜 그렇게 큰 소수를 계속 찾으려고 하는 거예요?"

아주 좋은 질문을 했어요.

큰 소수를 찾는 이유 중 하나는 소수는 암호를 만드는 데 중요한 역할을 하기 때문이랍니다. 소수가 암호와 어떤 상관이 있느냐고요?

기업이나 국가의 정보기관에서 자신들의 중요한 정보를 보호하기 위해서는 다른 사람이 풀지 못하는 암호를 만들어야 합니다. 이때 큰 소수를 사용할수록 암호를 풀기가 더욱 어려워진답니다. 그래서 세계 각국에서는 최대한 큰 소수를 발견해내기 위해 엄청나게 성능이 좋은 슈퍼컴퓨터를 밤낮없이 가동

하고 있는 것이지요.

또 다른 이유는 사람이 직접 계산하여 소수를 찾는 일은 거의 불가능하기 때문입니다. 결국 컴퓨터의 도움이 절대적으로 필요하고 성능이 우수한 컴퓨터일수록 소수를 찾는 데 더 큰 힘이 되겠지요. 큰 소수를 찾는 과정에서 컴퓨터의 성능을 알아볼 수 있는 효과를 얻기도 한답니다.

하지만 4세기가 넘도록 무수히 많은 수학자가 소수의 신비를 벗기기 위해 자신의 모든 인생을 걸고 도전했던 더 중요한 이유는 역시 수학에 대한 순수한 호기심과 열정 때문이었을 겁니다.

바로 이런 열정이 수학을 한 단계 더 발전시킬 수 있는 중요한 밑거름이 되었답니다.

수업 정리

❶ 소수란 1보다 큰 자연수 중 1과 자기 자신 이외에는 다른 약수를 가지지 않는 수랍니다. 즉, 약수의 개수가 2개인 수를 소수라고 합니다. 예를 들어 2, 3, 5, 7, 11 등의 수가 소수이지요.

❷ 에라토스테네스의 체란 소수를 구하는 방법으로 에라토스테네스가 발견한 것입니다. 이것을 이용하면 일정한 수까지의 소수를 쉽게 구할 수 있습니다.

❸ n이 소수일 때, 2^n-1의 식으로 구할 수 있는 수 중 소수가 되는 수를 메르센 소수라고 합니다. 프랑스 수학자 메르센에 의해 알려진 이 소수는 현재 52번째 소수까지 구해져 있답니다.

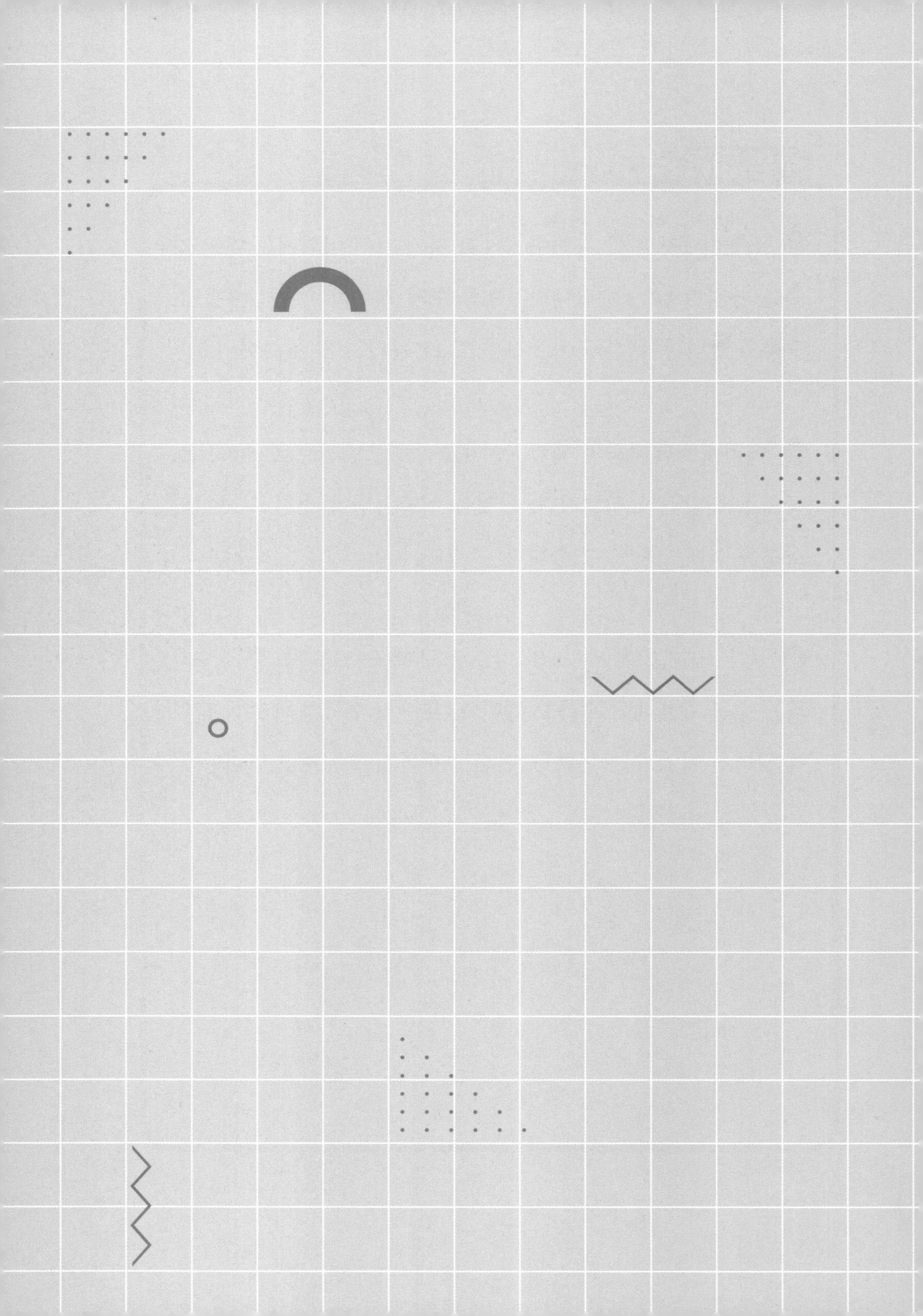

4교시

소인수 분해

텔레비전에서 탐정들이 암호를 풀 때는
언제나 가슴이 조마조마하죠?
그 암호문을 만들 때 소인수분해는
아주 중요하게 사용됩니다.

수업 목표

1. 어떤 자연수를 소인수분해합니다.
2. 소인수분해를 이용하면 큰 수의 약수를 구할 수 있고 약수를 직접 구하지 않아도 약수가 몇 개인지 구할 수 있습니다.

미리 알면 좋아요

1. 1보다 큰 자연수 중 1과 자기 자신 이외에 다른 수로는 나누어지지 않는 수를 소수라고 합니다. 즉 모든 소수는 약수가 2개입니다. 예를 들어 2, 3, 5, 7, ……과 같은 수는 약수의 개수가 2개이므로 소수라고 합니다.

2. 거듭제곱은 다음과 같이 간단하게 나타낼 수 있습니다. 수학에서 긴 문장이나 식을 기호나 공식을 사용하여 간단히 나타내는 것은 매우 중요한 일입니다. 어떤 자연수 a를 n번 곱하는 경우 a^n이라고 쓰고, 이때 a를 **밑**, n을 **지수**라고 합니다.

   $$a^n = \underbrace{a \times \cdots\cdots \times a}_{n}$$

   예를 들어 4를 다섯 번 곱하는 경우 $4 \times 4 \times 4 \times 4 \times 4 = 4^5$로 나타냅니다.

페르마의 네 번째 수업

"페르마 선생님, 도와주세요."

"무슨 일이지?"

"사물함 비밀번호를 잊어버렸어요. 어제 새로 비밀번호를 바꿨는데 기억이 나질 않아요."

"이런, 큰일이구나. 비밀번호를 만들 때 뭔가 특별히 생각한 것은 없었니?"

"글쎄요……. 아! 그 수가 모두 소수였어요. 어제 배운 소수를 잊어버리지 않으려고 비밀번호로 썼거든요. 그리고 그 수를 모두 곱하면 14700이었던 것으로 기억해요."

페르마는 어쩔 줄 몰라 당황한 표정으로 서 있는 세미를 보며 칠판 앞으로 가서 큰 글씨로 소인수분해[12]라고 썼습니다. 그러자 교실 안 여기저기서 아이들이 웅성거리기 시작했습니다.

메모장

⑫ **소인수분해** 합성수를 소수의 곱의 꼴로 바꾸는 일. 12는 $2 \times 2 \times 3$으로 나타낼 수 있다.

"선생님, 소인수분해가 뭔가요?"

세미의 사물함 번호를 알아낼 수 있는 열쇠가 바로 소인수분해랍니다. 소인수분해란 어떤 자연수를 소수만의 곱으로 나타내는 방법이에요.

조금 전에 세미가 사물함 비밀번호는 모두 소수라고 했고 그 소수들을 곱하면 14700이 된다고 했어요. 그러니까 14700이 어떤 소수들의 곱으로 이루어져 있는지만 알면 비밀번호는 쉽게 알 수 있지요.

자, 그럼 오늘은 세미의 비밀번호도 알아낼 겸 소인수분해에 대하여 공부해 볼까요?

우선 12를 2개 이상의 수의 곱으로 나타내면 어떻게 될까요?

"구구단을 외자. 구구단을 외자……. 구구단만 잘하면 돼요."

한쪽 귀퉁이에 기대어 있던 장난기 가득한 아이가 히죽 웃으면서 소리쳤습니다.

$12=4\times3$, $12=2\times6$, $12=1\times12$, $12=2\times2\times3$

맞아요. 그럼 이제 지난 시간에 배운 소수를 다시 한번 생각해 볼까요? 소수란 1과 자기 자신 이외에 다른 약수를 가지지 않는 수라고 배웠어요. 2, 3, 5, 7, 11 등과 같은 수가 소수이지요. 그렇다면 12를 두 개 이상의 수의 곱으로 나타내었을 때 그 수가 모두 소수로만 이루어진 것은 어떤 것인가요?

$12=2\times2\times3$

12는 $2\times2\times3$으로 나타낼 수 있고 이때 사용한 수 2와 3은 모두 소수랍니다. 이와 같이 어떤 수를 소수의 곱으로만 나타내는 방법을 소인수분해라고 한답니다. 그리고 2와 3을 12의 소인수라고 부르지요.

그럼 36을 소인수분해하면 어떻게 될까요?

"$2\times2\times3\times3$"

아이들은 신이 나서 합창하듯 크게 소리쳤습니다.

맞아요. 36을 소인수분해하면 $36=2\times2\times3\times3$이므로 36의 소인수는 2와 3이 되겠지요. 다음 수들도 소인수분해해 볼까요?

20, 54, 72

$20=2\times2\times5$, $54=2\times3\times3\times3$, $72=2\times2\times2\times3\times3$

그런데 72를 소인수분해한 식은 좀 긴 것 같지요.
같은 수도 반복해서 곱해져 있고.
이 식을 좀 더 간단히 나타내는 방법은 없을까요?

거듭제곱의 성질을 이용하면 $2\times2\times3$과 같은 식을 간단히 줄여 쓸 수 있답니다. 거듭제곱이란 $2\times2\times2$나 $x\times x$ 등과 같이 같은 수나 문자가 반복해서 곱해져 있는 경우를 말한답니다.
예를 들어 2를 10번 곱한다고 해 보세요.

$2\times2\times2\times2\times2\times2\times2\times2\times2\times2$

보기만 해도 '어떻게 계산하나?' 하는 생각이 들지요?

무엇이든 같은 일을 반복해서 하는 것은 싫증 나고 귀찮은 일이에요. 그뿐 아니라 3000000000000000과 같이 굉장히 큰 수를 써야 할 경우에는 더욱더 불편하답니다.

그래서 같은 수를 반복하여 곱할 때에는 곱하는 수를 한 번만 쓰고 곱하는 횟수를 오른쪽 위에 작게 표시하자고 약속한 것이지요.

$2\times2\times2\times2\times2\times2\times2\times2\times2\times2$는 2를 10번 곱한 것이므로 2^{10}으로 나타냅니다. 이때, 2를 밑, 10을 지수라고 부르기로 했답니다.

3000000000000000을 좀 더 간단하게 나타내면

$3000000000000000=3\times1000000000000000$이고

1000000000000000은 10을 15번 곱한 수로 10^{15}이랍니다.

따라서 $3000000000000000=3\times10^{15}$이라고 쓸 수 있습니다. 3000000000000000라고 쓰는 것보다 3×10^{15}라고 쓰는 것이 훨씬 더 간단하고 편리하지요. 이것이 바로 수학의 편리함이랍니다.

따라서 어떤 수를 소인수분해하였을 때에도 거듭제곱의 성질을 이용해서 식을 간단하게 나타낼 수 있습니다.

$20 = 2 \times 2 \times 5 = 2^2 \times 5$

$54 = 2 \times 3 \times 3 \times 3 = 2 \times 3^3$

$72 = 2 \times 2 \times 2 \times 3 \times 3 = 2^3 \times 3^2$

그런데 1은 왜 소수에 포함되지 않을까요?

갑작스러운 페르마의 질문에 아이들은 어리둥절해졌습니다. 소인수분해 이야기를 하다가 갑자기 왜 1은 소수에 포함되지 않느냐는 페르마의 쌩뚱맞은 질문에 아이들은 모 방송국의 코

미디 프로그램에 나오는 대사를 흉내내며 한목소리로 말했습니다. "아무 이유 없어요~." 페르마는 어깨를 으쓱하며 고개를 갸우뚱거렸습니다. 텔레비전을 보지 못한 페르마는 아이들이 왜 그런 말을 했는지 이해하지 못했기 때문입니다. 그런 모습을 본 아이들은 자기들만의 공감대가 형성되기라도 한 듯 키득거리며 좋아했습니다.

갑자기 1이 왜 소수가 될 수 없었는지 물어서 당황했지요? 그 이유는 바로 소인수분해에서 답을 찾을 수 있습니다. 만약 1을 소수라고 가정해 보세요. 어떤 일이 일어날까요?

예를 들어 36을 소인수분해할 때, 1을 소수라고 하면 사람마다 각기 다른 결과를 얻을 수도 있답니다.

$36=2\times2\times3\times3=2^2\times3^2$

$36=1\times1\times2\times2\times3\times3=1^2\times2^2\times3^2$

$36=1\times1\times1\times2\times2\times3\times3=1^3\times2^2\times3^2$

……

얼마든지 만들 수 있겠지요.

그래서 1을 소수에 포함시키지 않는 것이랍니다. 만약 1을 소수로 간주하면 어떤 수의 소인수분해를 한 결과가 한 가지가 아닌 무수히 많이 나오기 때문이지요.

이제 내가 왜 이런 질문을 하였는지 이해가 되겠지요.

앞에서 계산해 본 것처럼 12와 20같이 작은 수는 어떤 소수의 곱으로 이루어져 있는지 조금만 생각하면 쉽게 알 수 있습니다. 그런데 14700처럼 숫자가 커지면 이 수가 어떤 소수의 곱으로 되어 있는지 쉽게 계산할 수가 없답니다.

그렇다면 큰 수도 쉽게 소인수분해할 수 있는 방법은 없을까요?

페르마는 갑자기 두 손을 나란히 앞에 모으고 어릴 적 부르던 노래를 흥얼거리기 시작했습니다.

"바위돌 깨뜨려 돌덩이, 돌덩이 깨뜨려 돌멩이, 돌멩이 깨뜨려 자갈돌, 자갈돌 깨뜨려 모래알~."

그런 페르마의 모습을 보며 아이들은 깔깔대며 웃었습니다.

이 노래 가사처럼 큰 수를 자꾸 쪼갠다고 생각하면 됩니다. 무거운 돌을 한 번에 다 옮길 수가 없다면 쪼개서 나누어 들면 쉽게 옮길 수 있겠지요. 그와 마찬가지로 숫자가 너무 커서 그

수가 어떤 수의 곱으로 이루어져 있는지 금방 알 수 없는 경우에는 숫자를 쪼개어 작은 수를 만듭니다. 그 수가 더 이상 쪼개어질 수 없을 때까지 쪼개 보세요.

여기서 수를 쪼갠다는 것은 두 개 이상의 자연수의 곱으로 나타낸다는 말과 같아요.

예를 들어 60을 다음과 같이 두 수의 곱으로 계속해서 쪼개 봅시다.

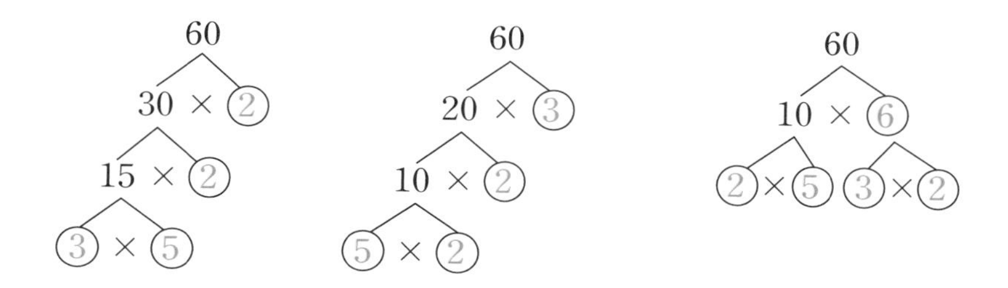

위에서 보았듯이 어떤 방법으로 쪼개어도 마지막에 남아 있는 수는 1과 자기 자신 이외에는 다른 수의 곱으로 쪼갤 수 없는 소수랍니다. 그리고 어떤 방법으로 시작하더라도 마지막에 남는 수들은 같습니다.

$$60=2\times2\times3\times5$$

따라서 60을 소인수분해하면 $60=2\times2\times3\times5=2^2\times3\times5$가 되겠지요.

또 다른 방법으로는 나눗셈을 이용할 수도 있어요. 보통 나눗셈의 모양과는 조금 다르게 생겼지만 방법은 똑같답니다.

$\overline{)\quad}$ 를 반대로 돌려놓았다고 생각하면 되겠지요. 나눗셈할 경우에는 맨 마지막 몫이 1이 될 때까지 소수로 나누면 됩니다.

$$\begin{array}{r|l} 2 & 60 \\ \hline 2 & 30 \\ \hline 3 & 15 \\ \hline 5 & 5 \\ \hline & 1 \end{array}$$

이때 나눈 값을 모두 곱하면 $2 \times 2 \times 3 \times 5$가 되는데 이것이 바로 60을 소인수분해한 식이 된답니다.

이제 세미의 고민을 여러분이 직접 해결해 보세요.

아이들은 서로 경쟁하듯 14700을 소인수분해하기 시작했고 계산을 맨 먼저 끝낸 아이가 뛰어나와 칠판에 풀이를 적기 시작했습니다.

14700을 소인수분해하면

$2 \times 2 \times 3 \times 5 \times 5 \times 7 \times 7 = 2^2 \times 3 \times 5^2 \times 7^2$

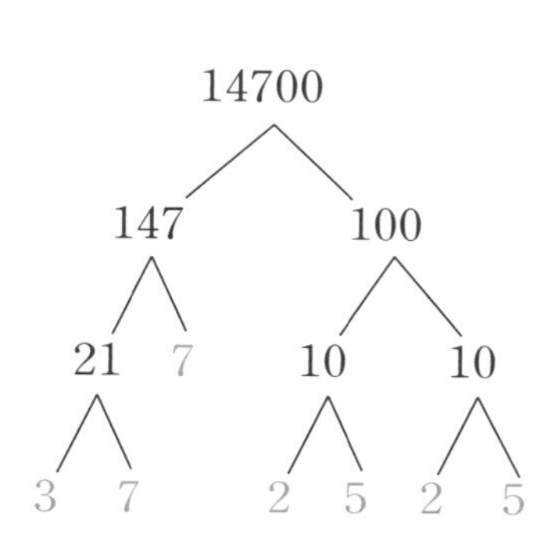

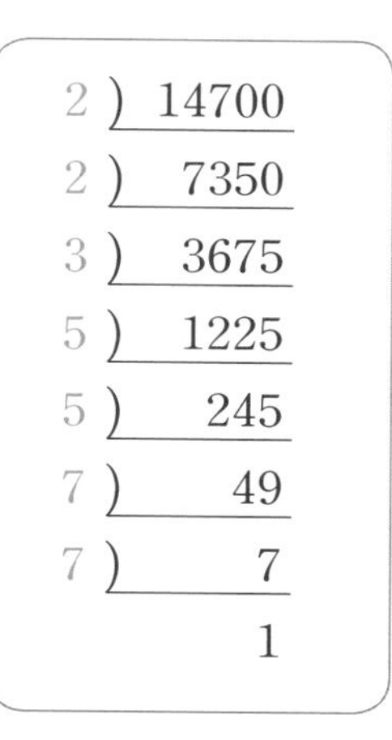

아주 잘했어요. 위의 식에서 알 수 있듯이 14700을 소인수분해할 때 사용된 소수는 2, 3, 5, 7이에요.

따라서 세미의 사물함 비밀번호는 2357이 되겠지요.

선생님의 이야기를 듣고 신이 나서 뛰어나간 세미는 얼마 지나지 않아 밝은 얼굴로 다시 교실로 들어왔습니다. 그리고 그의 손에 들려 있는 준비물을 아이들 앞에 자랑스럽게 흔들었습니다.

그 모습을 지켜보던 페르마는 칠판에 333333331이라는 수를 소인수분해해 보도록 했습니다. 자신감에 넘쳐 있는 아이들은 문제를 풀기 시작했습니다. 그러나 시간이 지나도 선뜻 나와서 답을 적지 못했습니다. 페르마는 끙끙대며 문제를 푸는 아이들에게 그만하라고 말했습니다.

소인수분해가 생각처럼 쉽게 풀리는 것만은 아니랍니다. 소인수분해는 하나하나 숫자를 나눠 보는 수밖에는 딱히 다른 방법이 없어요. 앞에서 설명했던 것처럼 작은 수의 소인수분해는 쉽지만 숫자가 커질수록 그 과정은 점점 더 어려워진답니다.

그래서 사람들은 소인수분해를 조금이라도 빨리 하기 위해 컴퓨터로 소인수분해하는 프로그램을 만들기도 했어요.

어떤 수는 성능이 굉장히 좋은 슈퍼컴퓨터로 계산을 해도 몇십 년씩 걸리기도 한답니다. 실제로 조금 전 여러분이 그랬던 것처럼 사람들은 333333331이 어떤 소수들의 곱으로 이루어졌는지 알고 싶어 했어요. 그래서 많은 수학자가 이 수를 소인수분해하려고 애썼지요. 그러나 수백 년 동안 이 문제는 해결되지 못했답니다. 그래서 이 수는 소인수분해가 더 이상 안 되는 소수일 거라고 생각했지요. 그런데 나중에 이 수가 17과 19607843이라는 두 소수의 곱으로 이루어졌다는 것을 밝혀냈답니다. 결국 333333331을 소인수분해하는 데 몇백 년이 걸린 셈이지요.

지난 시간에 소수가 암호에 쓰인다는 이야기를 했습니다. 좀 더 자세히 이야기를 하자면 옛날에는 숫자나 글자를 적당히 섞어서 암호를 만들었어요. 그런데 암호가 쉽게 풀리면서 많은 정보가 다른 사람의 손에 넘어가서 불이익을 받게 되었지요.

이것이 국가 간의 일이었다면 더 큰 문제가 되었을 것입니다. 암호의 중요성은 매우 큽니다. 따라서 풀기 어려운 암호를 만드는 것은 기업이나 나라에서 매우 중요한 일 중에 하나가 되었어요. 현재 사용되는 암호는 주로 100~150자리인 2개의 소수로 이루어져 있답니다. 두 소수의 곱인 긴 자릿수의 암호문은 컴퓨터의 힘을 빌려서 풀어도 무척 오랜 시간이 걸릴 것입니다. 몇 년 만에 소수를 찾아 암호를 풀었다고 해도 그때는 이미 소용없는 일이 되겠지요. 암호문은 이미 변경되었을 테니까요. 그래서 소수와 소인수분해는 암호를 만드는 데 아주 중요한 역할을 한답니다.

세미가 2, 3, 5, 7을 곱한 14700을 비밀번호로 한 것처럼 말이에요.

참, 소인수분해를 알면 편리한 점이 또 있답니다.

어떤 수의 약수가 무엇인지, 그 개수는 몇 개인지 알고 싶을 때에도 소인수분해를 이용하지요. 물론 작은 수의 약수는 그럴 필요가 없지만요.

320의 약수는 몇 개일까요?

이 질문에 답을 하려면 먼저 약수를 구해야 되고 그다음 약수가 몇 개인지 세어야 하겠지요. 그런데 숫자가 커지면 약수를 구하는 것만도 만만치 않은 일이랍니다. 그리고 구한 수 말고도 또 다른 약수가 더 있는지 안심할 수 없습니다. 그럴 때에는 소인수분해를 이용하면 빠짐없이 구할 수 있답니다.

자, 그럼 320의 약수를 구해 보도록 할까요.

먼저 320을 소인수분해합니다.

$$320 = 2^6 \times 5$$

2^6과 5의 약수를 각각 구합니다.

2^6의 약수 : 1, 2, 2^2, 2^3, 2^4, 2^5, 2^6

5의 약수 : 1, 5

2^6의 약수에 5의 약수를 차례대로 곱합니다.

2^6의 약수×1	2^6의 약수×5
$1\times1=1$	$1\times5=5$
$2\times1=2$	$2\times5=10$
$2^2\times1=4$	$2^2\times5=20$
$2^3\times1=8$	$2^3\times5=40$
$2^4\times1=16$	$2^4\times5=80$
$2^5\times1=32$	$2^5\times5=160$
$2^6\times1=64$	$2^6\times5=320$

여기서 한 가지 중요한 공식을 더 배울 수 있습니다.

2^6의 약수는 모두 7개랍니다. 320을 소인수분해하였을 때 소인수 2의 지수보다 1 큰 수가 되겠지요.

그리고 5의 약수는 모두 2개입니다. 이것 역시 320을 소인수분해하였을 때 소인수 5의 지수는 1보다 1 큰 수가 되겠지요.

따라서 320의 약수의 개수는 $7\times2=14$개가 됩니다.

결국 어떤 수가 $a^x\times b^y\times c^z$으로 소인수분해된다면 이 수의 약수의 개수는 $(x+1)\times(y+1)\times(z+1)$개가 되겠지요.

예를 들어 270의 약수는 모두 몇 개일까요?

이제는 더 이상 약수를 구할 필요가 없겠지요. 270을 소인수분해 하면 $2\times3^3\times5$이므로 약수의 개수는 $(1+1)\times(3+1)\times(1+1)=2\times4\times2=16$개입니다.

어떤가요? 계산이 조금 복잡해졌지만 아주 간단하게 약수의 개수를 구할 수 있게 되었습니다. 수학은 한 가지를 배우고 나면 또 다른 것을 알게 되는 멋진 학문이에요. 그래서 내가 수학과 사랑에 빠졌는지도 모르겠네요.

수업 정리

❶ 소인수분해란 어떤 자연수를 소수의 곱으로 나타내는 방법입니다. 이를 통해 그 수의 성질을 쉽게 알 수 있습니다. 60을 다음과 같은 방법으로 소인수분해하면 $60=2^2\times3\times5$가 됩니다.

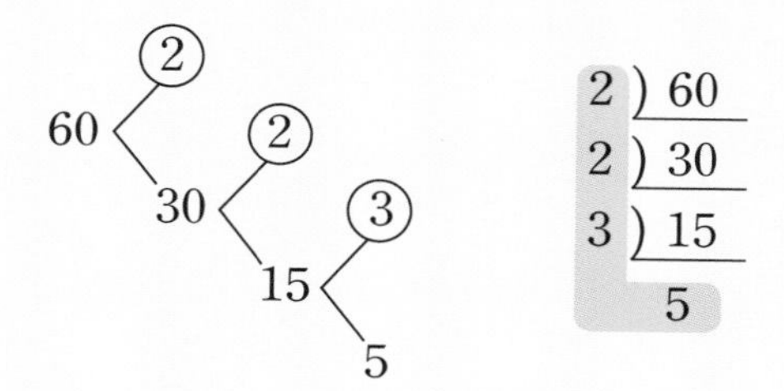

❷ 소인수분해를 이용하면 어떤 수의 약수와 약수의 개수를 쉽게 알 수 있습니다.

① 약수는 소인수분해하여 소인수와 소인수들의 곱을 모두 구합니다.

② 약수의 개수 : $a^x\times b^y\times c^z$ a, b, c는 서로 다른 소수의 약수는 $(x+1)\times(y+1)\times(z+1)$개입니다.

수업 정리

예를 들어, 75의 약수를 모두 구하려면 먼저 75를 소인수분해합니다.

$75=3\times5^2$

1	1	1×1
	5	1×5
	5^2	1×5^2
3	1	3×1
	5	3×5
	5^2	3×5^2

이때, 3의 약수는 1, 3이고, $5^2=25$의 약수는 1, 5, 5^2이므로 75의 약수는 1, 3, 5, 15, 25, 75이고, 개수는 $(1+1)\times(2+1)=6$개입니다.

5교시

생활 속에서 찾는 최대공약수와 최소공배수

서로 다른 수의 음식을 나눌 때 친구들과 고민해 봤나요?
각자에게 공평하게 나누기 위해서 말이에요.
이번 수업에서 쉬운 방법을 알아봅시다.

수업 목표

1. 최대공약수와 최소공배수가 무엇인지에 대하여 알아봅니다.
2. 간단한 방법으로 최대공약수와 최소공배수를 구해 봅니다.
3. 실생활에서 최대공약수와 최소공배수가 활용되는 예를 찾아보고 직접 문제를 만들어 적용해 봅니다.

미리 알면 좋아요

1. 어떤 자연수의 약수와 배수를 구할 수 있어야 합니다. 앞 단원에서 설명했던 것처럼 약수는 어떤 수를 나누었을 때 나머지가 0이 되게 하는 수이고, 배수는 그 수를 한 번, 두 번, 세 번, …… 더해서 얻어진 수입니다. 12의 약수는 12를 나누었을 때 나머지가 0이 되게 하는 수 1, 2, 3, 4, 6, 12입니다. 한편 3의 배수는 3을 한 번, 두 번, 세 번, …… 더하면 3, 6, 9, 12, ……이므로 이 수를 3의 배수라고 합니다. 따라서 어떤 수의 배수는 무수히 많습니다.

2. 자신의 띠가 무엇인지, 다른 사람들의 띠는 어떤지 알고 있으면 최소공배수를 설명하는 내용을 좀 더 쉽게 이해할 수 있습니다.

페르마의 다섯 번째 수업

아나운서 : 과거 2007년 정해년丁亥年은 특별했습니다. 일반적으로 돼지해亥는 12년에 한 번씩 돌아오지만, 붉은돼지해인 정해년은 60년 만에 한 번씩 돌아옵니다. 정해년을 '붉은돼지'해라고 부르는 것은 정丁이 불을 뜻하기 때문이지요. 음양오행설에 의하면 황금 돼지해는 이 붉은돼지해 가운데서도 600년 만에 한 번꼴로 돌아온다고 해서 사람들 사이에는 특별한 해로

여겨지고 있습니다.

"정해년은 뭐고, 60년에 한 번씩은 뭐지?"

"넌 아니?"

"아니, 우리 페르마 선생님에게 가서 여쭤보자."

"페르마 선생님, TV에서 올해는 60년에 한 번씩 돌아오는 정해년이라고 하는데, 그게 도대체 무슨 말인지 모르겠어요. 왜 정해년은 60년마다 한 번씩 돌아오나요?"

페르마는 모처럼의 휴일이어서 쉬고 싶었지만 아이들의 궁금해하는 얼굴을 보며 그냥 돌려보낼 수가 없었습니다.

메모장

⑬ **최소공배수** 둘 이상의 정수의 공배수 가운데서 0을 제외한 가장 작은 수.

자, 그럼 오늘은 최소공배수[13]에 대하여 공부해 볼까요?

뜬금없이 여러분의 질문과는 상관없는 최소공배수를 공부하자고 해서 이상하게 생각했을 겁니다. 정해년이 60년마다 한 번씩 돌아오는 것을 알기 위해서는 먼저 최소공배수가 무엇인지에 대하여 알아야 하기 때문이지요.

최소공배수란 두 수의 공통인 배수 중에서 가장 작은 수를 일

컫는 말이랍니다. 그렇다면 3과 4의 최소공배수는 무엇일까요?

두 수의 공통인 배수를 구하기 위해서는 먼저 두 수의 배수를 구해야겠지요.

3의 배수는 3, 6, 9, 12, 15, 18, 21, 24, 27, 30, ……

4의 배수는 4, 8, 12, 16, 20, 24, 28, 32, 36, ……

이때 3과 4의 공통인 배수 12, 24, 36, 48, ……을 두 수의 공배수라고 한답니다. 그리고 이 공배수 중에서 가장 작은 수인 12를 3과 4의 최소공배수라고 하지요.

한참을 설명하던 페르마는 자신의 서재에서 작은 톱니바퀴 두 개를 꺼내 와 아이들에게 돌려 보게 하였습니다. 그 톱니바퀴 중 하나에는 노란색이 칠해져 있었습니다.

톱니 수가 각각 3개와 4개인 두 톱니바퀴를 처음 맞물려 있는 바퀴에 노란색을 칠한 다음 돌려 봅시다. 바퀴를 돌리면 맞물린 두 바퀴는 함께 돌겠지요.

그렇다면 톱니가 많은 쪽과 적은 쪽을 비교해 볼 때, 더 많이 회전하는 바퀴는 어느 것일까요? 물론 톱니가 적은 쪽이 더 많이 회전하게 되겠지요. 이때, 노란색을 칠한 두 톱니가 원래 위치에서 처음으로 다시 만났을 때, 톱니 수와 회전수를 곱하면 두 값이 일치하게 되는데, 이 수가 바로 두 수의 최소공배수가 된답니다.

즉, 톱니 수가 3개인 톱니바퀴는 4번, 톱니 수가 4개인 톱니바퀴는 3번 회전하였을 때 제자리로 다시 돌아오게 되지요.

$3 \times 4 = 12$, $4 \times 3 = 12$

그렇다면 톱니 수가 각각 12개, 18개인 두 개의 톱니바퀴를 맞물려 돌렸을 때, 두 톱니바퀴가 서로 다시 만나려면 각각 몇 번씩 회전하여야 할까요? 이 값은 두 수의 최소공배수를 구하면 쉽게 알 수 있답니다. 12와 18의 최소공배수가 36이므로 작은 톱니바퀴는 3번 큰 톱니바퀴는 2번 회전하면 만나게 되겠네요.

"선생님, 세미가 많이 아픈가 봐요."

처음부터 안색이 좋지 않아 어디 아픈지 걱정이 되었던 세미가 결국에는 자리에 주저앉고 말았습니다. 페르마는 물 한 컵을 가지고 세미에게 다가가 이마에 손을 대어 보며 어디가 아픈지 물었습니다.

"감기에 걸리고 어제 상한 음식을 잘못 먹어서 배탈도 났어요. 아침에 약을 먹었어야 하는데 깜박 잊어버렸어요. 약 먹으면 금방 나을 거예요."

세미는 가방 속에서 꺼낸 두 개의 약봉지에서 약을 하나씩 꺼내 먹은 후 페르마가 가져다준 물을 마셨습니다. 페르마는 세미가 가져온 약봉지를 유심히 살피더니 아이들에게 약봉지를 보여 주었습니다.

여기 있는 두 개의 약봉지 중 하나는 6시간마다 한 번씩, 다른 하나는 8시간마다 한 번씩 먹으라고 쓰여 있네요. 그런데 지금 세미는 한꺼번에 두 가지 약을 모두 먹었어요.

"어제 두 종류의 약을 동시에 먹은 시간이 몇 시였니?"

"저녁 11시쯤이요."

그럼 세미가 두 가지 종류의 약을 동시에 먹게 되는 시간은 언제일까요?

하나는 6시간마다 한 번씩 먹어야 하니까 6, 12, 18, 24. 30, ……의 간격으로 먹고 다른 하나는 8시간마다 한 번씩 먹어야 하니까 8, 16, 24, 32, ……의 간격으로 먹게 되겠지요.

따라서 두 개의 약을 동시에 먹는 시간은 결국 6과 8의 최소공배수인 24시간마다 한 번씩입니다. 어젯밤 11시에 두 종류의 약을 동시에 먹었으니까 또다시 약을 모두 먹게 되는 때는 24시간이 지난 후인 오늘 밤 11시가 되겠지요. 그런데 지금이 4시인데 세미는 두 약을 동시에 먹었으니까 의사의 지시를 지키지 않은 셈이 돼 버렸네요. 약은 의사의 지시에 따라 되도록 정확한 시간을 맞추어 먹는 것이 몸에도 좋고 병도 빨리 나을 수 있답니다.

이처럼 일상생활에서 우리는 어떤 두 수의 공배수를 구해야 할 때가 종종 있습니다. 그런데 공배수를 구하기 위해 일일이 배수를 구한 다음 공통인 수를 찾아내는 것은 너무 번거로운 일이겠지요. 그나마 6이나 8과 같이 숫자가 작은 경우에는 각각의 배수를 직접 구하면 찾아낼 수 있지만 320이나 560처럼 숫자가 커지면 두 수의 배수들을 하나씩 구해서 공배수를 찾는 것은 쉽지 않습니다.

그렇다면 어떻게 해야 공배수를 좀 더 쉽게 찾을 수 있을까요?

페르마는 자신의 서재로 들어가더니 작은 칠판을 가지고 나왔습니다. 그리고 6의 배수와 8의 배수를 칠판에 쓰기 시작했습니다.

6의 배수 : 6, 12, 18, 24, 30, 36, 42, 48, 54, 60, ……

8의 배수 : 8, 16, 24, 32, 40, 48, 56, 64, ……

6과 8의 공배수 : 24, 48, 72, ……

6과 8의 최소공배수 : 24

그리고 아이들을 바라보며 24의 배수를 말해 보라고 했습니다.

24, 48, 72, ……

결국 6과 8의 공배수는 24의 배수와 같다는 것을 알 수 있습니다. 그런데 24는 6과 8의 최소공배수이므로 두 수의 최소공배수를 알면 공배수들은 자연히 구할 수 있겠지요.

최소공배수는 공배수 중에서 가장 작은 수라고 배웠는데 공배수를 찾지 않고 어떻게 최소공배수를 먼저 구할 수 있는지 궁금하지요?

다음과 같은 방법을 이용하면 배수를 직접 구하지 않고도 간단히 최소공배수를 구할 수 있어요.

예를 들어 45와 60의 최소공배수를 구해 볼까요? 몫이 모두 소수가 될 때까지 두 수를 동시에 나눌 수 있는 수로 나눕니다.

$$\begin{array}{r|rr} 5 & 45 & 60 \\ \hline 3 & 9 & 12 \\ \hline & 3 & 4 \end{array}$$

마지막 몫이 3과 4이므로 모두 소수가 되었네요. 이때, 45와 60의 최소공배수는 나눈 수와 몫을 모두 곱하면 된답니다. 즉, $5 \times 3 \times 3 \times 4 = 180$이 바로 45와 60의 최소공배수가 되는 것이지요. 최소공배수가 무엇인지 알았으니까 공배수는 쉽게 구할 수 있겠지요. 바로 180의 배수인 180, 360, 540, ……이 45와 60의 공배수랍니다.

이제 여러분이 궁금해하던 정해년이 왜 60년마다 한 번씩 돌아오는지 알아보도록 하겠습니다.

이 문제를 해결하기 위해서는 조금 어려운 내용인 간지가 무엇인지에 대하여 알아야 해요. 간지는 연도를 나타내는 옛날 말이에요.

옛날에는 지금처럼 2023년, 2024년 등으로 나타내지 않고 간지干支를 사용했어요. 쉽게 예를 들어 볼게요. 이순신 장군과 거북선으로 유명한 임진왜란은 왜 임진왜란이라고 부르는지 혹시 아는 사람이 있나요?

임진왜란은 1592년 일본이 조선을 침입한 때를 말합니다. 여기서 임진이란 1592년이란 뜻이고 왜란이란 일본이 침입한 난

리라는 뜻이에요. 다시 말하자면 임진왜란은 1592년에 일어났는데 그 당시에는 1592년이라는 말 대신 간지를 사용해서 임진년이라고 했기 때문에 임진왜란이라고 부르게 된 것이랍니다.

갑신정변, 임오군란에서의 '갑신甲辛', '임오壬午' 등도 모두 연도를 나타내는 간지랍니다. 그렇다면 간지는 어떻게 만들어진 것일까요.

여기서 간지란 십간十干과 십이지十二支를 줄여서 부르는 말인데 '갑甲, 을乙, 병丙, 정丁, 무戊, 기己, 경庚, 신辛, 임壬, 계癸'의 10개의 간과 '자子: 쥐, 축丑: 소, 인寅: 호랑이, 묘卯: 토끼, 진辰: 용, 사巳: 뱀, 오午: 말, 미未: 양, 신申: 원숭이, 유酉: 닭, 술戌: 개, 해亥: 돼지'라는 12개의 십이지로 이루어져 있답니다.

십이지는 여러분도 잘 알고 있는 것입니다. 양띠, 토끼띠, 호랑이띠 등과 같이 여러분이 태어난 해에 12가지 동물 이름을 차례로 붙여 만들어진 것이지요.

따라서 간지란 십간과 십이지를 순서대로 하나씩 짝을 지어 만드는 것이랍니다.

즉, 십간의 '갑을병정……'의 '갑'과 십이지의 '자축인묘……'의 '자'가 합쳐 '갑자'라는 간지가 제일 처음 만들어지고 다음은

'을축', 그다음은 '병인' 등으로 정한 것이지요.

갑 을 병 정 무 기 경 신 임 계 갑 을 병 정 무 기 경 신 임 계 갑
자 축 인 묘 진 사 오 미 신 유 술 해 자 축 인 묘 진 사 오 미 신

그래서 연도를 차례로 갑자년, 을축년, 병인년, 정묘년, 무진년, 기사년, 경오년, 신미년, 임신년……이라고 불렀답니다.

1592년이 임진년이었다면 그다음에 다시 임진년으로 불리는 해는 언제일까요. 십간은 10개이고 십이지는 12개니까 '임'은 10년에 한 번씩, '진'은 12년마다 한 번씩 돌아옵니다. 따라서 임진년은 10과 12의 공배수가 되는 수만큼 다시 찾아오게 되는 것이랍니다.

십간 : 10, 20, 30, 40, 50, 60, 70, …… 120, 130, ……

십이지 : 12, 24, 36, 48, 60, 72, …… 120, 132, ……

10과 12의 공배수는 60, 120, 180, ……이므로 1592년이 임진년이었으니까 60년 후인 1652년, 1712년, 1772년, ……이 다시 임진년이 되는 것입니다.

임진년에 태어난 사람이 자신이 태어난 해와 똑같은 간지를 맞이하는 것은 일반적으로 일생에 한 번뿐입니다. 물론 120살까지 사는 경우는 두 번이겠지만요.

그래서 옛날부터 사람들은 태어나서 60년이 지난 해인 61세는 '출생한 해의 간지와 똑같은 간지를 가진 해가 돌아왔다.'고 해서 특별한 날로 여겼습니다. 이 날을 환갑 또는 회갑이라고 부르고 가족과 친척이 모여 큰 잔치를 열어 축하해 준답니다.

정해년 역시 그런 이유에서 60년마다 한 번씩 돌아오는 것입니다. 그리고 정해년에서 해는 12가지 동물 중 돼지를 나타내는 것이고 돼지는 예로부터 행운을 가져오는 동물이라고 여겼습니다. 그래서 사람들은 새로 태어날 아기가 정해년에 태어나면 좋은 일이 생길 것이라는 바람 때문에 온 나라가 떠들썩한 거예요.

최소공배수를 배운 김에 최대공약수가 무엇인지도 알아볼까요?

슬슬 지루해하는 아이들을 바라보던 페르마는 커다란 봉지에서 사탕을 잔뜩 꺼내 테이블 위에 올려놓았습니다. 아이들이 좋아하는 오렌지 맛 사탕 45개와 딸기 맛 사탕 60개가 있었습니다. 그리고 페르마는 예쁜 접시를 여러 개 테이블 위에 올려놓았습니다. 사탕을 본 아이들은 손뼉을 치며 좋아했고 벌써 입안 가득 침이 고인 아이들은 페르마가 빨리 사탕을 나누어 주길 기다리고 있었습니다.

우선 사탕을 먹기 전에 오렌지 맛 사탕과 딸기 맛 사탕을 5개의 접시에 똑같이 담으려면 각각 몇 개씩 담아야 하는지 알아봅시다.

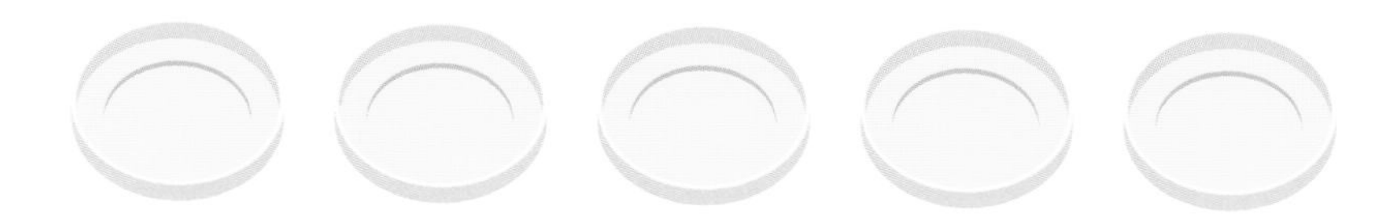

접시가 5개 있으므로 오렌지 맛 사탕 45개를 5로 나누어 9개씩 담으면 되고, 딸기 맛 사탕은 60개이므로 5로 나누면 12개씩 담으면 되겠지요.

그럼 6개의 접시에도 두 종류의 사탕을 각각 같은 개수로 담을 수 있을까요?

딸기 맛 사탕은 60개÷6＝10이므로 10개씩 담을 수 있으나

오렌지 맛 사탕 45개는 6으로 나누어지지 않으므로 똑같이 나누어 담을 수 없습니다.

그렇다면 두 종류의 사탕을 한 접시에 각각 같은 개수만큼 담기 위해서는 몇 개의 접시를 꺼내야 할까요?

물론 접시의 개수가 아래와 같은 경우에는 똑같이 담을 수 있답니다.

접시가 1개이면 모두 담으면 되겠지요.

접시가 3개이면 오렌지 맛 사탕은 15개씩, 딸기 맛 사탕은 20개씩 담으면 됩니다. $45 \div 3 = 15$, $60 \div 3 = 20$

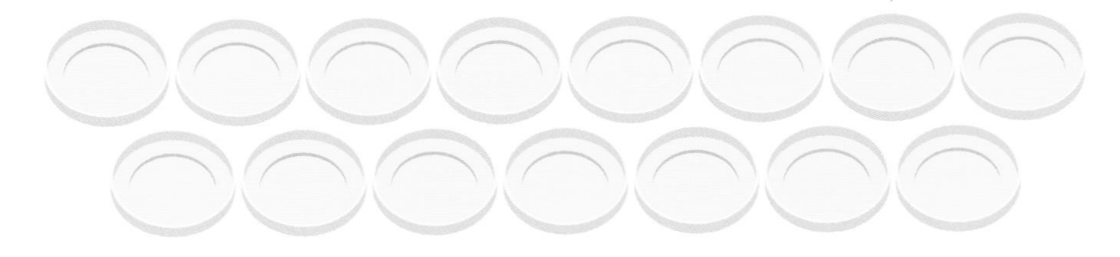

접시가 15개이면 오렌지 맛 사탕은 3개씩, 딸기 맛 사탕은 4개

씩 담으면 된답니다. 45÷15=3, 60÷15=4

결국 두 종류의 사탕을 각 접시에 같은 개수만큼 담으려면 45와 60을 동시에 나눌 수 있는 수만큼 접시를 준비하면 되겠지요.

45와 60을 동시에 나눌 수 있는 수는 45의 약수이면서 60의 약수가 되는 수들이겠지요. 이 수를 두 수의 공약수라고 합니다.

45의 약수는 1, 3, 5, 9, 15, 45

60의 약수는 1, 2, 3, 4, 5, 6, 10, 12, 15, 20, 30, 60

여기서 두 수의 공약수는 1, 3, 5, 15가 되고 공약수 중 가장 큰 수인 15를 45와 60의 최대공약수⑭라고 한답니다.

메모장

⑭ 최대공약수 둘 이상의 정수整數의 공약수 가운데 가장 큰 수.

결국 두 종류의 사탕을 아이들에게 똑같이 나누어 주려고 할 때, 최대한 15명에게 나누어 줄 수 있겠지요.

페르마는 아이들의 수가 14명이나 16명이었다면 사탕이 부족하거나 남았을 텐데 다행히 아이들의 수가 15명이어서 오렌지 맛 사탕 3개와 딸기 맛 사탕 4개를 똑같이 나누어 줄 수 있었습니다.

화장실이나 건물의 타일을 붙일 때에도 공약수나 최대공약수가 유용하게 쓰인답니다.

예를 들어 가로 120cm, 세로 80cm인 벽에 정사각형 모양의 타일을 붙인다고 생각해 보세요.

가로세로 길이에 꼭 맞게 타일을 붙이려면 공사를 맡은 사람은 한 변의 길이가 몇 cm인 타일을 준비하면 될까요?

정사각형의 한 변의 길이가 120cm과 80cm을 동시에 나눌 수 있어야 하므로 두 수의 공통인 약수, 즉 공약수를 구하면 되겠지요.

120의 약수는 1, 2, 3, 4, 5, 6, 8, 10, 12, 15, 20, 24, 30, 40, 60, 120이고 80의 약수는 1, 2, 4, 5, 8, 10, 16, 20, 40, 80이므로 두 수의 공약수는 1, 2, 4, 5, 8, 10, 20, 40이 됩니다. 따라서 1cm, 2cm, 4cm, 5cm, 8cm, 10cm, 20cm, 40cm를 한 변으로 하는 정사각형 타일을 사용하면 벽에 빈틈없이 꼭 맞게 붙일 수 있답니다.

페르마는 120과 80의 공약수를 칠판에 적어 놓고 아이들을 바라보았습니다. 아이들 중 누군가가 손을 들어 주기를 바랐지요. 앞에서 최소공배수를 배웠기 때문에 최대공약수에서도 같은 규칙을 찾아낼 수 있을 것이라는 믿음이 있었기 때문입니다.

잠시의 침묵을 깨고 평소에 말이 없던 아이가 손을 들더니 자신 없는 목소리로 말했습니다.

"선생님, 120과 80의 공약수들이 모두 가장 큰 공약수인 40의 약수와 일치하는데요."

아주 훌륭한 발견을 했군요.

두 수의 공약수는 최대공약수의 약수가 된답니다.

따라서 먼저 최대공약수를 구하면 두 수의 공약수를 구할 수 있겠지요.

그렇다면 공약수를 구하지 않고 어떻게 최대공약수를 구할 수 있을까요?

최대공약수를 구하는 방법은 앞에서 설명한 최소공배수를 구하는 방법과 비슷합니다.

$$\begin{array}{r|rr} \boxed{10} & 120 & 80 \\ \hline \boxed{4} & 12 & 8 \\ \hline & 3 & 2 \end{array}$$

그러나 두 수의 몫이 모두 소수가 되면 최소공배수와는 달리 두 수를 동시에 나눈 수만을 곱하면 됩니다.

따라서 120과 80의 최대공약수는 $10 \times 4 = 40$이 되고 120과 80의 공약수는 40의 약수인 1, 2, 4, 5, 8, 10, 20, 40이 됩니다.

최대공약수는 분수를 약분할 때도 아주 편리하게 사용됩니다. 어떤 분수를 기약분수로 고칠 때는 분모와 분자의 최대공약수를 찾아 약분하면 됩니다.

예를 들어 $\frac{24}{30}$를 기약분수로 고쳐 볼까요?

우선 24와 30의 최대공약수를 찾습니다.

$$\begin{array}{r|rr} 3 & 24 & 30 \\ \hline 2 & 8 & 10 \\ \hline & 4 & 5 \end{array}$$

24와 30의 최대공약수는 6이므로 $\frac{24}{30}=\frac{24\div6}{30\div6}=\frac{4}{5}$가 되는 것이지요.

여기서 기약분수[15]라고 하는 것은 분모와 분자가 더 이상 약분이 되지 않는 상태의 분수를 말하는 것입니다. 일반적으로 분수를 나타낼 때에는 기약분수로 나타내는 것이 원칙이랍니다.

메모장

[15] 기약분수 분모와 분자 사이의 공약수가 1뿐이어서 더 이상 약분되지 않는 분수.

"그런데 선생님 왜 최소공배수는 있고 최대공배수는 없나요? 그리고 최대공약수는 있는데 왜 최소공약수는 없나요? 두 개가 자꾸 헷갈려요."

아마 처음에는 누구나 최소와 최대가 자꾸 혼동이 될 거예요. 무조건 외우려고만 하지 말고 먼저 생각을 하면 충분히 이해할 수 있답니다. 수학을 잘하려면 생각을 많이 해야 해요.

최소공약수가 없는 것은 아니에요. 그런데 모든 수의 가장 작은 약수는 바로 1이에요. 따라서 어떤 수이든 두 수의 최소공약수는 항상 1이 되는 거지요. 그래서 최소공약수는 굳이 구하지 않아도 되는 것이랍니다. 또한 최대공배수라는 말도 쓰지 않는답니다. 왜냐하면 최대공배수는 구할 수 없기 때문이지요. 최대란 공배수 중에서 가장 큰 수를 말하는 것인데 공배수가 무수히 많기 때문에 가장 큰 수가 어떤 수인지 알 수 없답니다. 따라서 수학에서는 최대공약수와 최소공배수만 다루는 것이지요.

수업 정리

❶ 최소공배수

2개 이상의 자연수의 공배수 중에서 가장 작은 수입니다. 예를 들어, 6과 8의 최소공배수는 다음과 같은 방법으로 구할 수 있습니다.

① 6의 배수 : 6, 12, 18, 24, 30, 36, 42, 48, 54, 60, 66, 72, ……

② 8의 배수 : 8, 16, 24, 32, 40, 48, 56, 64, 72, ……

③ 6과 8의 공배수 : 24, 48, 72, ……

④ 6과 8의 공배수 중에서 가장 작은 수 : 24

따라서 6과 8의 최소공배수는 24입니다.

❷ 최대공약수

2개 이상의 자연수의 공약수 중에서 가장 큰 수를 말합니다. 예를 들어, 20과 30의 최대공약수는 다음과 같은 방법으로 구할 수 있습니다.

① 20의 약수 : 1, 2, 4, 5, 10, 20

② 30의 약수 : 1, 2, 3, 5, 6, 10, 15, 30

수업 정리

③ 20과 30의 공약수 : 1, 2, 5, 10

④ 20과 30의 공약수 중에서 가장 큰 수 : 10

따라서 20과 30의 최대공약수는 10입니다

❸ 최소공배수와 최대공약수 간단히 구하기

$$\begin{array}{r|rr} 2 & 6 & 8 \\ \hline & 3 & 4 \end{array}$$

6과 8의 최소공배수 : $2 \times 3 \times 4 = 24$

$$\begin{array}{r|rr} 2 & 20 & 30 \\ \hline 5 & 10 & 15 \\ \hline & 2 & 3 \end{array}$$

20과 30의 최대공약수 : $2 \times 5 = 10$

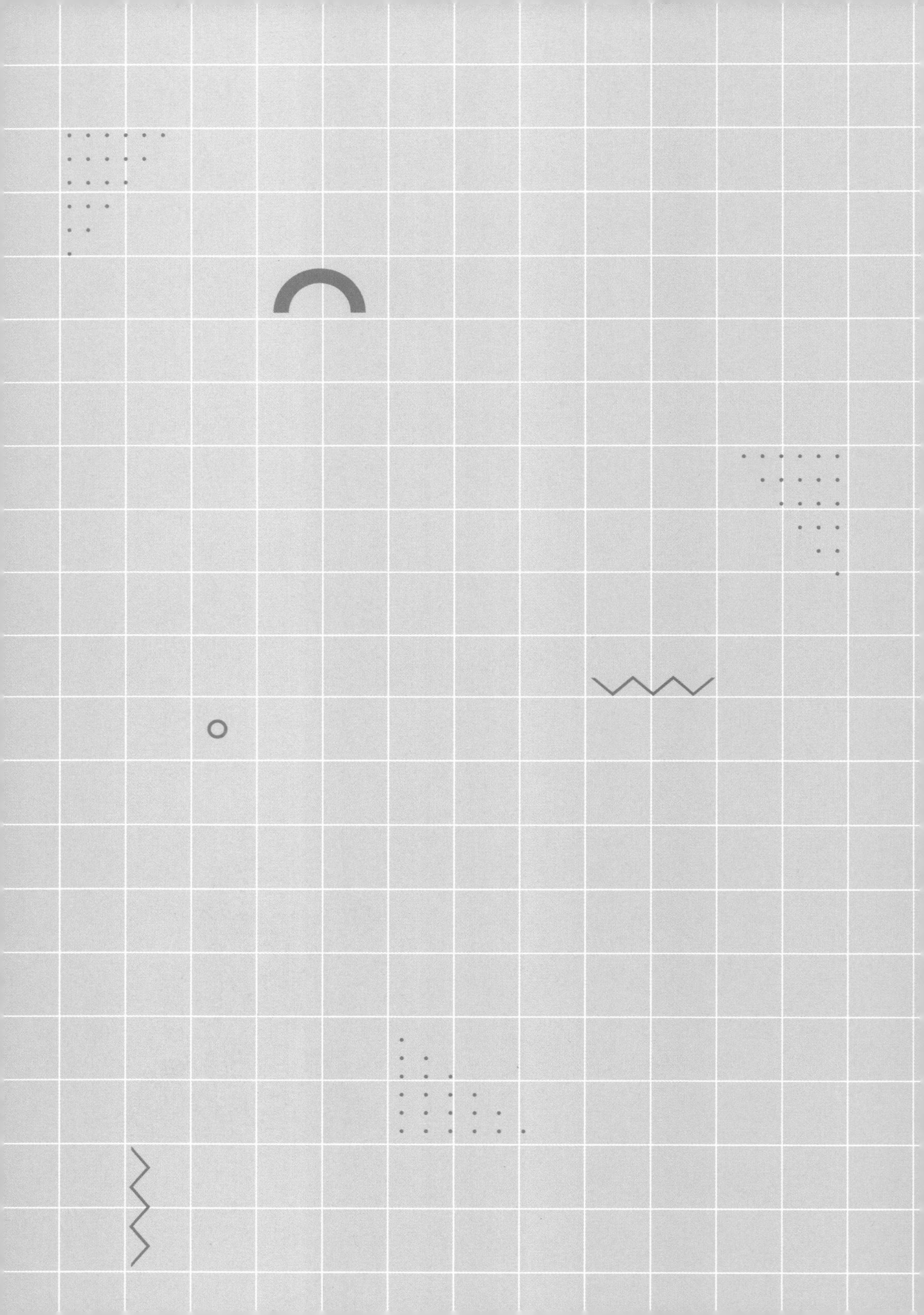

6교시

배수 이야기

34687294617은 3의 배수일까요?
긴 숫자일수록 계산하기가 귀찮고 번거롭습니다.
이번 시간에는 큰 수가 어떤 수의 배수인지 빠르게
계산하는 법을 알아보겠습니다.

수업 목표

1. 자연수 a가 자연수 b의 배수인지 아닌지 알아봅니다.
2. 어떤 수가 2, 3, 4, 5, 7, 9의 배수인지 아닌지를 나누지 않고도 찾아내는 방법을 알게 됩니다.
3. 배수를 찾는 원리를 이해합니다.

2의 배수 : 2, 4, 6, 8, ……

3의 배수 : 3, 6, 9, 12, ……

4의 배수 : 4, 8, 12, 16, ……

5의 배수 : 5, 10, 15, 20, ……

페르마의 여섯 번째 수업

페르마는 아이들과 함께 동굴 탐사에 나섰습니다. 동굴에는 아주 오래전에 사람들이 살았던 흔적이 곳곳에 남아 있었습니다. 동굴 안에 흐르는 물은 바다로 이어져 있었으며 아무렇게나 버려진 무기들과 한쪽 부분이 심하게 파손된 낡은 배가 방치되어 있었습니다. 아마도 해적들이 감시를 피해서 숨어 있었던 곳인 것 같습니다. 아이들은 동굴 구석구석을 다니며 신기한 물건들을 이리저리 살펴보기도 하고 긴 막대를 이용해 물 위에 둥둥 떠 있는 물건들을 건져 올리기도 했습니다.

"선생님, 여기 이상한 상자가 있어요. 그런데 비밀번호를 눌러야만 열 수 있어요. 안에 뭐가 있는지 너무 궁금해요."

한 아이가 작은 상자 하나를 들고 왔습니다. 흩어져 있던 아이들이 순식간에 상자 주위로 몰려들었고 페르마는 조심스럽게 상자를 살피기 시작했습니다. 그런데 놀랍게도 상자 위에는 다음과 같이 작은 글씨가 써 있었습니다.

이 수는 3과 4로 나누어진다. 하지만 이 수를 3과 4로 나누어서는 안 된다. 이 수는 3467□2이다.

3과 4로 나누어진다면 결국 이 수는 3의 배수이면서 동시에 4의 배수라는 이야기인데 어떻게 3467□2가 3과 4의 배수가 되도록 하는 □의 값을 나누어 보지 않고 알아낼 수 있을까요?

일반적으로 어떤 수가 3 또는 4의 배수인지 아닌지를 알아보는 방법은 그 수를 3과 4로 나누어 보면 됩니다. 3으로 나누어떨어지면 3의 배수, 4로 나누어떨어지면 4의 배수가 되지요. 하지만 여기서는 나누어 보지 않고도 그 수가 3의 배수이면서 4의 배수가 된다는 사실을 알아내야 합니다.

그렇다면 3의 배수만이 갖는 독특한 특징들을 찾아야겠지요. 그래야만 나누어 보지 않아도 3의 배수인지 알 수 있을 테니까요. 물론 4의 배수도 마찬가지겠지요. 먼저 3의 배수는 어떤 특징을 가지고 있는지 알아보도록 합시다.

다음의 수들은 3의 배수입니다. 이 수들만이 가지는 공통점은 무엇일까요?

36, 39, 42, 87, 123, 159, 432, 1044, ……

아이들은 페르마가 바닥에 쓴 수들을 보며 깊은 고민에 빠져들었습니다. 이제 어느 정도 페르마의 수업에 익숙해진 아이들은 스스로 문제를 해결하려고 하는 의지가 엿보였습니다.

페르마는 그런 아이들의 모습을 지켜보다가 다음과 같이 쓰기 시작했습니다.

36 : $3+6=9$

39 : $3+9=12$

42 : $4+2=6$

$87:8+7=15$

$123:1+2+3=6$

$159:1+5+9=15$

$432:4+3+2=9$

$1044:1+0+4+4=9$

"어, 각 자리의 수들을 모두 더한 숫자들이 3의 배수가 되었어요."

그렇습니다. 3의 배수들은 모두 각 자리의 숫자를 더했을 때 3의 배수가 된답니다. 따라서 어떤 수가 3의 배수인지 아닌지를 알아보려면 각 자리의 수를 더해서 3으로 나누어 보면 되는 것이지요.

이것이 사실인지 알기 위해 좀 더 수학적인 방법으로 접근해 볼까요.

백의 자리가 a, 십의 자리가 b, 일의 자리가 c인 세 자리의 자연수가 있다고 할 때, 이 수는 $100a+10b+c$라고 나타냅니다.

이 식을 약간만 바꾸어 볼까요.

$$100a+10b+c$$
$$=(99a+9b)+a+b+c$$
$$=3(33a+3b)+a+b+c$$

여기서 $3(33a+3b)$는 3의 배수입니다. 따라서 나머지 수인 $(a+b+c)$만 3의 배수이면 $100a+10b+c$가 3의 배수가 되는 것이지요.

그런데 a, b, c는 백의 자리, 십의 자리, 일의 자리의 숫자이므로 결국 각 자리의 숫자의 합이 3의 배수가 되는 수는 3의 배수가 된다는 결론을 얻게 되는 것이랍니다.

예를 들어 14679는 각 자리의 숫자를 모두 더한 값, $1+4+6+7+9=27$이 3의 배수이므로 14679는 3의 배수가 됩니다. 정말인지 확인해 볼까요?

모두 14679를 3으로 나누어 보세요.

$14679 \div 3 = 4893$

다음은 4의 배수에 대하여 공부해 볼까요?

4의 배수도 3의 배수와 마찬가지로 4의 배수가 갖는 공통된 규칙들을 찾아내면 됩니다. 다음 수들은 4의 배수들이에요.

48, 124, 108, 248, 436, 500, 612, 616, 700, 1240, ……

이 수들 사이에는 어떤 규칙이 있을까요?

4의 배수는 3의 배수처럼 각 자릿수를 더해 보아도 공통된 규칙을 찾을 수는 없답니다. 대신 위에 적힌 수들을 보면 십의 자리와 일의 자리에 있는 두 수는 모두 4의 배수이거나 00입니다.

48, 124, 108, 248, 436, 500, 612, 616, 700, 1240

따라서 어떤 수가 4의 배수가 되기 위해서는 십의 자리 이하의 수가 00이거나 4의 배수가 되어야 한다는 것이지요.

마찬가지로 좀 더 구체적으로 살펴보면 다음과 같습니다.

백의 자리가 a, 십의 자리가 b, 일의 자리가 c인 세 자리 자연수 $100a+10b+c$에서 $100=4\times25$이므로 백의 자리는 항상 4의 배수입니다. 따라서 나머지 수인 $10b+c$, 즉 십의 자리 이하의 수가 4의 배수이면 되는 것이지요.

예를 들어 $348=300+40+8$에서 백의 자릿수인 300은 3×100이므로 항상 4의 배수입니다. 따라서 나머지 수인 48이 4의 배수이므로 348은 4의 배수가 되는 것이지요.

배수의 규칙을 찾는 김에 3과 4 이외에 다른 수의 배수를 찾는 방법도 알아볼까요?

2의 배수는 일의 자릿수가 0이거나 짝수이면 됩니다.

5의 배수는 10의 자리 이상의 수는 5의 배수이므로 일의 자릿수가 0 또는 5이면 되겠지요.

6의 배수는 특별히 찾는 방법은 없습니다. 왜냐하면 $6=2\times3$이므로 그 수가 2의 배수이면서 3의 배수이면 6의 배수가 된답니다.

7의 배수는 다음과 같은 방법으로 구할 수 있습니다. 그 방법은 조금 복잡하답니다.

십의 자리가 a, 일의 자리가 b인 두 자리 자연수를 $10\times a+b$라고 하면 다음과 같습니다.

$$\begin{aligned}10\times a+b&=7a+3a+7b-6b\\&=7a+7b+3a-6b\\&=7(a+b)+3(a-2b)\end{aligned}$$

이때 $7(a+b)$는 7의 배수이므로 $3(a-2b)$에서 $a-2b$가 7의 배수이거나 0이면 $10\times a+b$는 7의 배수가 되는 것이지요.

예를 들어 4074가 7의 배수인지 아닌지 알아보는 방법은 다음과 같습니다.

4074에서

$$\underset{\substack{\shortparallel \\ a}}{\underline{407}} - 2 \times \underset{\substack{\shortparallel \\ b}}{\underline{4}} = 399$$

$$\underset{\substack{\shortparallel \\ a}}{\underline{39}} - 2 \times \underset{\substack{\shortparallel \\ b}}{\underline{9}} = 21$$

이때 21이 7의 배수이므로 4074는 7의 배수랍니다. 확인해 볼까요?

$4074 \div 7 = 582$

재미있는 방법이지요. 이것을 '스펜스법'이라고 한답니다. 일의 자릿수를 하나씩 빼면서 수를 줄여 가는 거예요. 그럼 아무리 큰 수라도 간단한 나눗셈만으로도 7의 배수인지 아닌지를 확인할 수 있겠지요. 조금 복잡해 보이지만 그래도 7의 배수를 찾는 데 유용한 방법이 될 수 있겠네요.

"페르마 선생님, 너무 복잡하고 어려워요. 다시 설명해 주세요. 11126241도 7의 배수인가요?"

그럼 다시 7의 배수를 찾는 방법을 알아봅시다. 우리가 알고자 하는 수인 $11126241 = 1112624 \times 10 + 1$에서 $a = 1112624$

이고 $b=1$이므로,

$1112624-2\times1=1112622$

다시 1112622에서 $a=111262$이고 $b=2$이므로,

$111262-2\times2=111258$

같은 방법으로 계속 반복하여 마지막에 나온 수가 7의 배수인지 확인합니다.

$11125-2\times8=11109$

$1110-2\times9=1092$

$109-2\times2=105$

105는 7의 배수이므로 11126241도 7의 배수랍니다.

8의 배수는 4의 배수의 경우와 비슷하답니다. 1000의 자리 이상의 수는 모두 8의 배수가 되므로 결국 백의 자리 이하의 수가 000 또는 8의 배수이면 되지요.

9의 배수는 3의 배수의 경우와 마찬가지로 각 자리 숫자의 합이 9의 배수이면 됩니다.

이것 이외에도 11이나 12 등 또 다른 수의 배수를 찾는 방법도 생각해 본다면 의외로 재미있고 신기한 규칙을 찾을 수 있지 않을까요?

자, 이제 상자의 비밀번호를 풀어야 할 때가 되었네요.

상자를 열 수 있는 비밀번호인 3467□2가 3의 배수가 되기 위해서는 각 자리 숫자를 모두 더한 값 3+4+6+7+□+2가 3의 배수가 되어야하겠지요.

3+4+6+7+□+2=22+□가 3의 배수가 되는 수를 좀 더 쉽게 찾기 위해서 다음 표를 만들었습니다.

□	22+□	3의 배수 ○, ×
0	22	×
1	23	×
2	24	○
3	25	×
4	26	×
5	27	○
6	28	×
7	29	×
8	30	○
9	31	×

으아
왠지 으스스하다.
이 동굴엔 보물 상자도 있지만 보물을 지키는 흡혈박쥐랑 불을 뿜는 무시무시한 용이 있대.
페르마 선생님! 이상한 상자예요.
이 수는 3과 4로 나누어진다. 하지만 이 수를 3과 4로 나누어서는 안 된다. 이 수는 3467□2이다.
□ 속의 수를 나는 알 것 같군요.
상자 옆에 뭐라고 또 쓰여 있어.
□ 속의 수를 5분 내에 알아내지 못하면 불 뿜는 용이 나타날 것이다.
으아아
페르마 선생님. 어서 □ 속의 수를 가르쳐 주세요.
5분이면 시간은 충분하니 여러분 스스로 풀어 보세요.
앙
잠깐! 침착하자. 선생님의 도움 없이 우리 힘으로 풀 수 있어.
3과 4로 나누어 진다고 했으니까. 이 수는 3의 배수이면서 4의 배수라는 얘기야.
맞아요.
답은 2, 5, 8 중에 하나야.
2, 5, 8 중에 3의 배수이면서 4의 배수가 되는 건 5뿐이야.
선생님, 맞나요?
답도 여러분이 자신 있게 쓰세요.
답은 5야!
펑
덜컹
쩌억
와
약수와 배수
보물은 약수와 배수를 알게 된 여러분의 지식이에요.

따라서 3467□2가 3의 배수가 되기 위해서 □ 안에 들어갈 수 있는 숫자는 2, 5, 8의 3개의 수 중에서 하나가 되어야 하겠지요.

그리고 또 하나의 조건은 3467□2가 4의 배수가 되어야 한다는 거예요. 그러기 위해서는 십의 자리 이하의 두 수 □2가 4의 배수가 되면 되겠지요.

앞에서 □가 될 수 있는 수는 2, 5, 8 중에 하나라고 했기 때문에 [2]2, [5]2, [8]2중에서 4의 배수가 되는 경우는 52밖에 없으므로 □안에 들어갈 수는 바로 5랍니다.

페르마의 명쾌한 설명을 듣던 아이들은 환호성을 지르며 비밀번호의 나머지 숫자를 찾아낸 감격에 들떴습니다. 그리고 어서 빨리 상자가 열리기만을 기다렸습니다. 페르마는 그런 아이들의 심정을 이해한 듯이 상자를 찾아온 아이에게 어서 열어 보라고 눈짓을 했습니다. 상자를 찾은 아이는 조심스럽게 비밀번호를 눌렀고, 그러자 상자는 덜컹거리는 소리를 내며 열렸습니다. 뚜껑이 열린 상자 안에는 작은 주머니 여러 개가 들어 있었습니다. 그리고 그 주머니 안에는 너무나 예쁜 색깔의 신기한 모양을 한 돌이 2개씩 들어 있었습니다. 아이들은 돌을 조심스럽게 손에 올려놓고는 이리저리 만져 보며 즐거워했습니다.

"페르마 선생님, 그런데 이 돌에 선생님이 가르쳐 준 우애수가 적혀 있어요. 그리고 편지도 들어 있네요. 제가 읽어 볼게요."

그동안 열심히 공부한 여러분에게 주는 선물입니다. 평생 서로에게 소중한 우정을 만드세요.

— 페르마

"그럼 이 신기한 돌은 선생님이 우리에게 주시는 거예요?"

이 상자는 그동안 열심히 공부한 여러분에게 주는 깜짝 선물이었습니다. 덕분에 배수 찾는 방법을 배울 수 있었으니까 일석이조의 결과를 낳았지요. 내가 그랬던 것처럼 수학에 대한 작은 관심과 열정만 있으면 위대한 수학자 못지않은 사람이 될 수 있답니다. 아주 사소한 일이라 해도 그 속에 담긴 수학적인 요소들을 찾아보세요. 그런 과정을 통해 수학을 더 발전시킬 수 있는 힘이 생길 겁니다.

페르마는 아이들과의 마지막 수업을 끝내는 것이 못내 아쉬웠습니다. 한편으로는 작은 돌을 손안에 꼭 쥐고 맑은 눈으로 자신을 쳐다보는 아이들을 바라보면서 가슴 뭉클한 감동을 느꼈습니다.

수업 정리

❶ 어떤 수의 각 자리의 수를 모두 더한 값이 3의 배수이면 이 수는 3의 배수입니다. 또한 어떤 수의 일의 자리와 십의 자리가 모두 00으로 끝나거나 십의 자리 이하의 수가 4의 배수이면 이 수는 4의 배수가 됩니다.

예를 들어 4392는 $4+3+9+2=18$이므로 3의 배수입니다. 또한 4392는 십의 자리 이하의 수 92가 4의 배수이므로 4392도 4의 배수이기도 합니다.

❷ 어떤 수가 2, 5, 6, 7, 8, 9의 배수인지 아닌지는 다음과 같은 방법으로 판정할 수 있습니다.

2의 배수 : 일의 자리가 0이거나 짝수

5의 배수 : 일의 자리가 0이나 5의 배수

6의 배수 : 2의 배수이면서 3의 배수 $6=2\times3$

7의 배수 : 뒤에서부터 세 자리씩 끊어서 더하고 뺀 수가 0이거나 7의 배수

8의 배수 : 끝의 세 자리가 000이거나 8의 배수

9의 배수 : 각 자리 숫자의 합이 9의 배수

NEW 수학자가 들려주는 수학 이야기 01

페르마가 들려주는 약수와 배수 1 이야기

3판 1쇄 인쇄일 | 2025년 2월 14일
3판 1쇄 발행일 | 2025년 2월 28일

지은이 | 김화영
펴낸이 | 정은영
펴낸곳 | (주)자음과모음

출판등록 | 2001년 11월 28일 제2001-000259호
주소 | 10881 경기도 파주시 회동길 325-20
전화 | 편집부 (02)324-2347, 경영지원부 (02)325-6047
팩스 | 편집부 (02)324-2348, 경영지원부 (02)2648-1311
e-mail | jamoteen@jamobook.com

ISBN 978-89-544-5197-0 44410
978-89-544-5196-3 (세트)

사진 - Pexls.com